妙點子翻跟斗

編輯序

當孩子不愛讀書……

慈濟傳播文化志業出版部

親師座談會上，一位媽媽感嘆說：「我的孩子其實很聰明，就是不愛讀書，不知道該怎麼辦才好？」另一位媽媽立刻附和，「就是呀！明明玩遊戲時生龍活虎，一叫他讀書就兩眼無神，迷迷糊糊。」

「孩子不愛讀書」，似乎成為許多為人父母者心裡的痛，尤其看到孩子的學業成績落入末段班時，父母更是心急如焚，亟盼速速求得「能讓孩子愛讀書」的錦囊。

當然，讀書不只是爲了狹隘的學業成績；而是因爲，小朋友若是喜歡閱讀，可以從書本中接觸到更廣闊及多姿多采的世界。

問題是：家長該如何讓小朋友喜歡閱讀呢？

專家告訴我們：孩子最早的學習場所是「家庭」。家庭成員的一言一行，尤其是父母的觀念、態度和作爲，就是孩子學習的典範，深深影響孩子的習慣和人格。

因此，當父母抱怨孩子不愛讀書時，是否想過——

「我愛讀書、常讀書嗎？」

「我的家庭有良好的讀書氣氛嗎？」

「我常陪孩子讀書、爲孩子講故事嗎？」

雖然讀書是孩子自己的事，但是，要培養孩子的閱讀習慣，並不是將書丟給孩子就行。書沒有界限，大人首先要做好榜樣，陪伴孩子讀書，營造良好的讀書氛圍；而且必須先從他最喜歡的書開始閱讀，才能激發孩子的讀書興趣。

根據研究，最受小朋友喜愛的書，就是「故事書」。而且，孩子需要聽過一千個故事後，才能學會自己看書；換句話說，孩子在上學後才開始閱讀便已嫌遲。

美國前總統柯林頓和夫人希拉蕊，每天在孩子睡覺前，一定會輪流摟著孩子，爲孩子讀故事，享受親子一起讀書的樂趣。他們說，他們從小就聽父母說故事、讀故事，那些故事不但有趣，而且很有意義；所以，他們從故事裡得到許多啓發。

希拉蕊更進而發起一項全國性的運動，呼籲全美的小兒科醫生，在給兒童的處方中，建議父母「每天爲孩子讀故事」。

爲了孩子能夠健康、快樂成長，世界上許多國家領袖，也都熱中於「爲孩子說故事」。

其實，自有人類語言產生後，就有「故事」流傳，述說著人類的經驗和歷史。

故事反映生活，提供無限的思考空間；對於生活經驗有限的小朋友而言，通過故事可以豐富他們的生活體驗。一則一則故事的累積就是生活智慧的累積，可以幫助孩子對生活經驗進行整理和反省。

透過他人及不同世界的故事，還可以幫助孩子瞭解自己、瞭解世界以及個人與世界之間的關係，更進一步去思索「我是誰」以及生命中各種事物的意義所在。

所以，有故事伴隨長大的孩子，想像力豐富，親子關係良好，比較懂得獨立思考，不易受外在環境的不良影響。

許許多多例證和科學研究，都肯定故事對於孩子的心智成長、語言發展和人際關係，具有既深且廣的正面影響。

爲了讓現代的父母，在忙碌之餘，也能夠輕鬆與孩子們分享故事，我們特別編撰了「故事home」一系列有意義的小故事；其中有生活的眞實故事，也有寓言故事；有感性，也有知性。預計每兩個月出版一本，希望孩子們能夠藉著聆聽父母的分享或自己閱讀，感受不同的生命經驗。

從現在開始，只要您堅持每天不管多忙，都要撥出十五分鐘，摟著孩子，爲孩子讀一個故事，或是和孩子一起閱讀、一起討論，孩子就會不知不覺走入書的世界，探索書中的寶藏。

親愛的家長，孩子的成長不能等待；在孩子的生命成長歷程中，如果有某一階段，父母來不及參與，它將永遠留白，造成人生的些許遺憾——這決不是您所樂見的。

作者序

小發現，大發明

◎吳立萍

你能想像嗎？在一個又髒又亂的醫院裡，醫護人員穿著便服，沒有消毒，直接就用一條髒兮兮的布幫你包紮傷口；然後又拿著幫別人打過針的針頭，在你的手臂上打了一針。

天啊！怎麼會這樣？別懷疑，以前的醫院眞的就是這樣，因爲一些錯誤的觀念，使得醫療品質很差，病患在醫院裡很容易感染其他病菌，造成嚴重的併發症。如果不是後來有醫生發現細菌無所不在，並堅持要讓醫院成爲一個細菌無法藏身的空間，我們現在可能都還得在這麼髒亂的醫院裡，隨時處於被病菌傳染的威脅。

再想想其他的情況：如果這個世界上沒有牙膏和牙刷，我們得用布來擦牙齒，而且齒縫還擦不乾淨；到了夜晚，沒有一按就亮的電燈，必須點上既危險又不夠亮的煤氣燈才能念書；若是沒有電話或電腦，和遠方的親友溝通只能靠寫信；沒有飛機，到海外便得搭船，如果要去比較遠的地方，很可能得花上好幾個月的時間才到得了。這不是古早以前的生活嗎？現代人怎麼可能忍受這樣的日子呢？

這就是人類社會不斷進步的日新月異現象；而促成進步的原動力，就是人類自己的頭腦和雙手。換句話說，這個世界上有太多人前仆後繼，不斷地創造發明，我們才有今天這麼便利的生活。

到底什麼樣的人才能算是發明家呢？美國的發明大王愛迪生當然是不二人選；發明飛機的萊特兄弟，也是其中的佼佼者；利用蒸氣產生動力，成功製造出蒸氣火車頭的史蒂文生，也是赫赫有名的發明家。他們的發明影響深遠，甚至改寫了人類社會的歷史。但是，如果你以爲只有天資聰穎的人才會發明，是少數人的專利，那就大錯特錯了；其實，人人都可以當發明家，就連小朋友也不例外。

眞的是這樣嗎？沒錯！發明的確沒有想像中這麼難。很多時候，它只是沒有預期的一個靈感，例如把薄煎餅拿來盛冰淇淋；或者只是爲了改善一個令人困擾的生活小難題，像是怎麼固定住夾在書本裡的紙片，讓它不容易掉出來；還有的時候，好奇也可以促成意想不到的發明，例如看見在北極快速冷凍的魚可以長期保持新鮮，因此引發好奇，後來才有冷凍食品的產生。許許多多的小發現、小發明扮演著小兵立大功的角色，使我們的生活越來越便利；在醫療的觀念上則帶來極大的轉變，讓我們可以遠離病痛，活得更健康。

當然，許多時候發明不是一次就成功；有了小發現之後，還必須持之以恆地進行相關的實驗和研究，才有可能產生更令人驚喜的發明。這當中的過程也許很順利，更可能會經歷不斷地失敗，最後甚至必須重來一遍。例如，萊特兄弟就是經過無數次的失敗，最後終於成功飛上青天；匈牙利的畢羅和他的兄弟，也是試了又試，才製造出一支不會滲漏油墨的原子筆。

一個好點子也有可能是從錯誤中得來的。例如，風靡全世界的牛仔褲，竟然是用賣不掉的帳篷所縫製的；便利貼背膠上的膠水，曾經是堆在倉庫裡的失敗作品；剛發明出來不久的火車頭，會從鐵軌上震翻；不小心倒進鍋爐裡的橡膠，成了製造輪胎、鞋底、嬰兒奶嘴的原料。這些小故事給我們一個啓示：別人眼中的失敗不見得眞的是失敗；就算是暫時失敗也沒什麼大不了，誰說它不能敗部復活呢？

本書一共收錄了三十個有關發明的小故事，有些可能會讓人覺得很詫異：啊！不過是一個小東西嘛！沒錯！就是這些看起來微不足道的小發明，改善了我們的生活；或者讓後來的人可以根據原先的小發明，產生作用更大的發明。所以，千萬不能忽略生活中隨時產生的突發奇想或靈光乍現，它有可能是個很棒的妙點子，甚至是促使人類社會進步的重要關鍵喔！

目錄

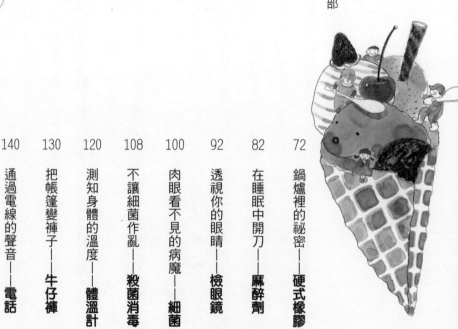

看見小怪獸的魔鏡——顯微鏡

「列文虎克，還在磨玻璃鏡啊？喔，不是，這是看另一個世界的魔鏡！」鄰居太太經過列文虎克的店門前，看見他正在專心研磨鏡片，忍不住又是一番冷嘲熱諷。

荷蘭人列文虎克（Antonie van Leeuwenhoek），不是科學家，也沒有科學方面的背景。以前他曾在一家紡織廠當過會計；

當時爲了檢查布的質料，他親自研磨能將影像放大的鏡片，再透過不同放大倍率的鏡片組合，觀看布料上的細節。

其實，在他之前已經有人發明顯微鏡了，但效果不是很好，放大倍率也不夠大，所以列文虎克才想試著自己動手；沒想到，這一做便做出了興趣。現在他自己開店販賣乾燥貨品，有時會到治安官所屬的會議室當總管，工作不是很忙，因此有更多時間投入顯微鏡的世界。

但他的熱度似乎過了頭，不但家裡堆了幾百座自製的顯微鏡，還經常用顯微鏡觀看身邊所有的東西，包括一根頭髮、一小塊軟木片，甚至連指甲屑也不放過；所以鄰居都當他是一個奇怪的人，只要一有機會便嘲笑他。

西元一六七〇年的某一天，列文虎克和往常一樣，正用顯微鏡觀察標本時，突然來了一名訪客。

「您好，我叫格拉夫（Regnier de Graaf），我想看看你在顯微鏡底下看到的奇觀。」這名訪客一走進店門，便清楚說明他的來意。

但列文虎克卻揮揮手，「你是來嘲笑我的吧？沒什麼好看的。」

「不！我真的很有興趣，請讓我參觀一下吧！」在這名陌生人不斷地懇求之下，列文虎克終於答應了。他拿出一台顯微鏡，用鐵夾將一根頭髮固定在鑲了鏡片的銅環上，並教他如何調整螺絲對準焦距。

「真是太奇妙了！」格拉夫又繼續用顯微鏡看了其他的標本，忍不住發出一連串的讚歎：「以前的顯微鏡都沒有辦法看得這麼清楚，你怎麼不把成果發表出來呢？」

「那只會讓更多人來嘲笑我。在這村子裡，我已經被當成怪物了。」列文虎克無可奈何地說。

「村民不瞭解你在做什麼，你應該寫信給『英國皇家影像學會』，那裡有許多科學家，他們會對你的顯微鏡感興趣的。」其實，格拉夫正是這個學會的會員，是荷蘭著名的解剖學家；他知道，列文虎克的顯微鏡將對科學研究帶來極大的幫助。「讓我再想想吧！」列文虎克並沒有採納他的建議。

後來，格拉夫還是把這個消息告訴了學會；不久之後，列文虎克便收到一封學會寄來的信。他十九歲的女兒瑪利亞非常興奮：「爸，趕緊回信告訴他們你的成果，讓那些嘲笑你的人沒話說。」

「待會兒再說，我現在正準備觀察雨水。」列文虎克接了幾滴從屋頂上流下來的雨水，放在顯微鏡底下觀察了一會兒，他似乎對眼睛所見的景象有點懷疑；於是換另一台顯微鏡觀察，但所看見的景象仍然令他驚訝。「瑪利亞，你快過來看！」他高興地大聲喊著：「雨水裡有好多小怪獸！是活的，還會游泳！」

瑪利亞立刻衝到他的父親身邊，把眼睛湊近顯微鏡觀看：「好奇怪啊？是不是因爲雨水流過屋頂，才會有這些小怪獸？」

瑪利亞的疑問提醒了列文虎克。他跑到屋外，直接在雨中盛接沒有流經屋頂的雨水，再放到顯微鏡底下觀看，結果什麼都沒看到。過了幾天，他再觀察這些雨水，卻發現裡面出現了許多小怪獸，就和屋頂流下的雨水一模一樣！

列文虎克立刻將他的發現記錄下來，寄給英國皇家影像學會；他形容自己看到的是「比肉眼所能看見的還要小好幾千百倍的小怪獸」。其實，他所看到的是微生物，不僅存在於雨水中，也隱藏在空氣、土壤，甚至動物的口腔中；列文虎克就曾經用針從自己和妻子、女兒的齒縫中挑出一些物質來觀察，看見人類口腔裡有令人難以想像的眾多微生物。

這個發現，讓列文虎克受到學會的重視，請他描述更多在顯微鏡下看見的景象，並整理出版了《列文虎克發現的自然界祕密》這本書。這是世界上第一本關於微生物的專冊，而他則被大家公認爲是第一位看見微生物的人。

列文虎克去世之後，捐出了二十六架顯微鏡給學會。由於他的觀察及捐獻，讓後來的科學家注意到微觀世界的奧

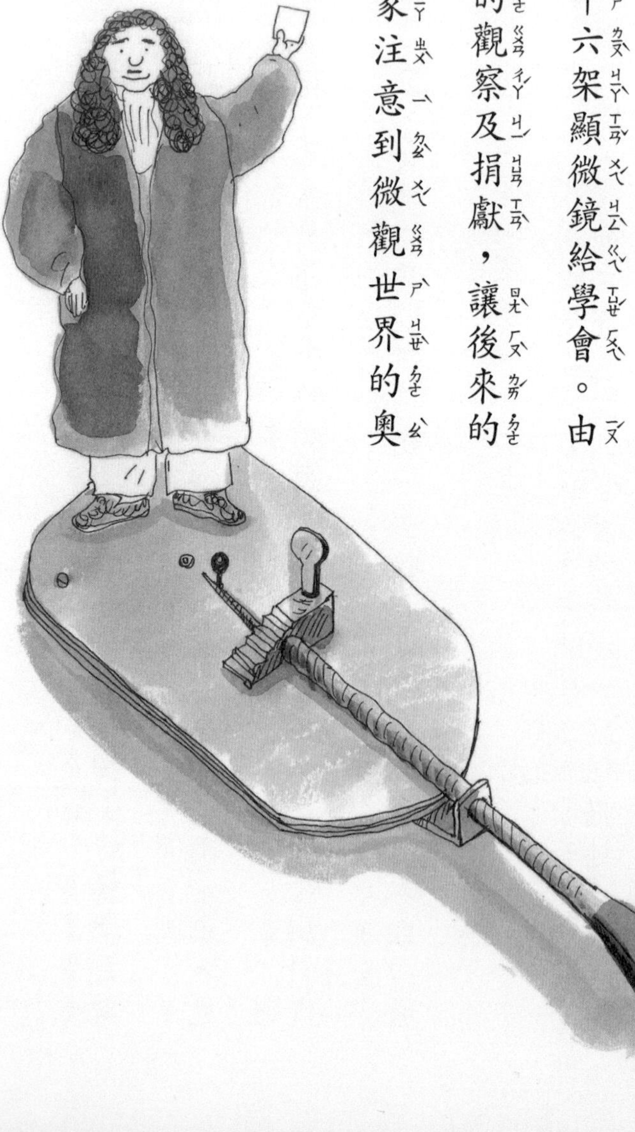

妙。現在，人們可以看見血液在微血管的流動情形，進行相關的醫學研究；大家也都知道了，許多疾病是由微生物引起的。這些都可說是被列文虎克的發明所啓發。

給小朋友的貼心話

小朋友，看不見的東西是否就等於不存在呢？從早期的顯微鏡到最新的電子顯微鏡，讓人類的視野更加精細。這個世界，還有許多未知等你去探索喔！

清潔牙齒的法寶——牙刷和牙膏

西元一七七〇年的某一天，英國倫敦的紐道爾監獄裡，一名獄警和往常一樣，等囚犯們用過餐之後，依序從每間牢房的送菜口收回盤子。

「怎麼還剩那麼多？」他看著一盤幾乎沒有動過的飯菜問道。

「最近天氣太熱，胃口不好。」囚犯回答。

「吃不飽別怪我們啊！」獄警收了盤子，再到下一間牢房門口；這間牢房住著參加暴動而被關的阿迪斯（William Addis）。

「喔！吃得眞乾淨啊！連骨頭都不剩。」他接過一個乾乾淨淨的盤子，正準備到下一個牢房門口時，突然轉回頭來；「眞可惡！差點兒被你騙了，快把骨頭交出來！」他猜想，阿迪斯一定是把骨頭藏了起來；準備收集很多骨頭之後，用來挖地道逃獄。

「請不要把骨頭收走，我沒有要做什麼違反規定的事。」阿迪斯把骨頭拿了出來，向獄警請求。

獄警不解地問道：「你要這根豬骨頭做什麼？」

「我想做一把小刷子，用來清潔牙齒。」阿迪斯回答。

「清潔牙齒？別騙我了，牙齒用布擦洗一下就好，大家不是都這麼做嗎？」獄警不相信他說的話，認爲這只是藉口。

阿迪斯緊緊抓著這根骨頭說：「我眞的沒有騙你！我覺得，牙齒縫隙常常都擦洗不到；如果能用刷子刷，應該會比較好吧？可是我還需要豬鬃和一些工具，不然沒有辦法做刷毛。你可以幫我找來這些東西嗎？」

獄警心裡想，其實他說的也有道理。每次用布擦洗牙齒時，的確有很多地方洗不乾淨；如果阿迪斯真的能做出什麼好用的工具，自己也可以照他的方式做一個來用啊！「好吧！我去幫你把東西找齊；但你千萬別做出違反規定的事，否則我會被開除。」

當天傍晚，獄警就從廚房裡要來一把豬鬃，又找了幾樣簡單的工具交給阿迪斯。「這些應該夠了。我明天早上會來檢查，如果你什麼都沒做，我就要全部沒收。」

當天晚上，阿迪斯沒有睡覺。他把骨頭磨成一根細棍，在一端連續鑽了好幾排小洞，將豬鬃一小束、一小束地塞進小洞裡，再用剪刀將鬃毛剪平，就完成一把牙刷了。

第二天一早，獄警就來找阿迪斯。

「怎麼樣？做好了沒？」

「做好了，你要不要拿去用用看？」

阿迪斯把這支用豬骨和豬毛做的牙刷交給獄警；試用的結果感覺不錯，雖然剛開始不太習慣，但多用幾次就熟練了。後來，這種

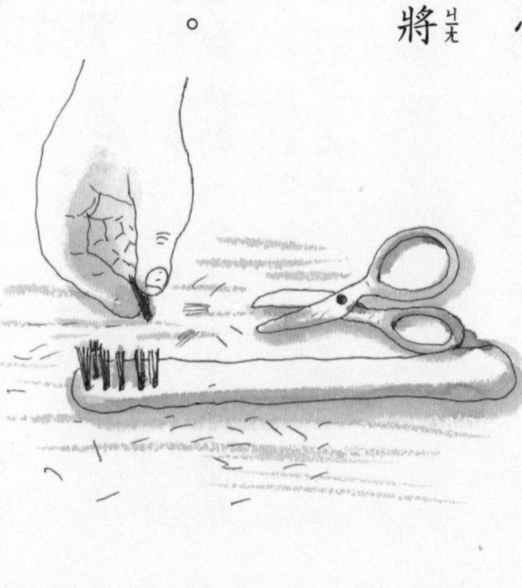

牙刷便在監獄裡流行起來，大家都模仿他的方式製作牙刷。

阿迪斯出獄後，便在倫敦開設了世界第一家牙刷工廠。由於牙刷的清潔效果比較好，所以後來大家都不再使用布來擦洗牙齒，而是用牙刷刷牙。

人們使用牙刷一百多年後，牙膏才終於誕生。在這之前，許多人都用鹽巴刷牙，因爲鹽巴具有殺菌的效果，是很好的清潔品；也有人用潔牙粉刷牙，但常常會被水沾濕而結成塊狀，很不方便。還有人用鹿茸、牛骨和牛蹄磨成粉，再加上蜂蜜混合成黏稠狀來刷牙；但這些材料很昂貴，只有國王和貴族才用得起。

直到西元一八九二年，美國康乃狄克州的牙醫師謝菲爾德(Washington Sheffield)，調合肥皂和石灰，或把珊瑚和貝殼磨成粉末，加上俗稱「肥皂樹」的無患子樹皮汁液混合成黏稠狀，比較大眾化的牙膏才終於問市。

又有一次，謝菲爾德看見畫家用來作畫的油彩，都是裝在一種金屬製的軟管裡；只要用手指輕輕捏壓，就可以擠出需要的分量，不用的時候則將蓋子旋緊。他因此引發了聯想，而將牙膏裝在軟管裡，發明出我們現在所用的罐裝牙膏。

給小朋友的貼心話

小朋友，你知道中國的考古學家發現最早的牙刷是在什麼年代嗎？

除了用牙刷刷牙之外，世界上還有哪些清潔牙齒的方法？

防堵病毒入侵——預防疫苗

十八世紀的時候，一種恐怖的疾病在歐洲流行。被傳染的人，剛開始會發燒，以爲是感冒了；然後皮膚上長出許多疹子，再轉成膿皰；幸運一點的，膿皰會漸漸變乾、結痂而痊癒，可是卻在臉上留下許多疤痕。美國第一任總統華盛頓，就是得到這種病而變成大麻臉。不幸的是，大多數人得到這種病，都會引起內臟出血或更嚴重的疾病而死亡。

這種傳染病就是天花，在那個時候是一種很普遍的疾病，人人聞之色變。

「到底有什麼方法可以消滅這種可怕的疾病呢？」在家鄉英國格洛史特喜爾的伯克利開診所的小鎮醫生愛德華．金納（Edward Jenner），面對每天上門求診的天花病患，心裡實在很難過，想要找出消滅天花方法的念頭也越來越強烈。

金納的家鄉盛產牛乳；很久以前，當地人便流傳一句話：如果擠牛奶的人得到牛痘疹，就絕對不會染上天花。牛痘疹是一種長在母牛乳房上的疹子，擠牛奶的人因爲經常觸碰這個部位，所以也很容易得到；但它的症狀相當輕微，對人體健康沒有太大的影響。

「爲什麼得過牛痘疹，就不會染上天花？難道牛痘疹眞的可以預防天花？」金納心中燃起了希望，但他同時也很懷疑這個說法；因爲，許多得過牛痘疹的人，後來也都染上了天花。「即使這個說法是不正確的，我也要親自研究之後才能確定，不能現在就放棄。」

金納下定決心之後，便仔細觀察家鄉內所有的牛痘疹患者。他發現，其實許多人得的只是類似牛痘疹的其他斑疹；而那些真正得過牛痘疹的人，沒有一位染上天花。這個發現令金納興奮不已；現在他幾乎可以確定，家鄉流傳的說法是正確的！

西元一七九六年五月的某一天，金納在路上遇見鄰居菲普斯太太。

「金納醫生，我想讓傑姆斯接受天花預防接種；可是，我又很擔心……」傑姆斯是菲普斯太太的兒子，今年八歲。

「天花接種法確實有安全上的顧慮。對了！你有聽過擠牛奶的人不容易得天花的說法嗎？」金納問道。

「當然有，這個說法流傳很久了。可是，我有一位親戚就是擠奶孃，她曾得過牛痘疹，後來還是染上天花去世。」

「她一定沒有得過牛痘疹，」金納非常確信地說道：「很多斑疹的症狀都和牛痘疹很像，她得的是其中一種，而不是牛痘疹。相信我，關於這方面的研究我已經進行了二十五年了。」

金納是當地最有名望的醫生，而且菲普斯太太一家人平常也都是請他看病，對他非常信任。「我當然相信您；可是，這個傳說和傑姆斯要不要接種天花預防有什麼關係呢？」菲普斯太太問道。

「我想幫他接種牛痘疹！我已經在我的兒子身上試過了，它的症狀很輕微，可以預防天花，而且不會帶來其他的疾病。」

聽金納這麼說，菲普斯太太猶豫了一會兒，但並沒有考慮很久。「好，金納醫生，請幫傑姆斯接種牛痘疹。」她知道牛痘疹並不嚴重，如果真的能因此預防天花，以後就不必擔心會染上這致命的疾病了。

第二天，菲普斯太太帶傑姆斯來診所，讓金納在他的手臂上劃開一個小傷口，插進一片從擠奶孃

手上取下的牛痘疹乾痂。過了幾天，傑姆斯出現非常輕微的牛痘疹症狀，但很快就痊癒了。金納又從天花病患的膿皰裡取出一點東西，幫傑姆斯接種；又過了幾天，他連一點輕微的天花症狀都沒有出現，因爲他的身體已經對這種致命疾病產生免疫力了。

然後，金納再進行更徹底的研究，並在兩年後發表研究成果。許多醫生用他的方法替人接種牛痘，使人們免於染上天花的威脅；後來，不斷有專家改良接種方法，並陸續產生更多預防其他疾病的疫苗。直到三十幾年前，天花病毒終於完全被消滅。許

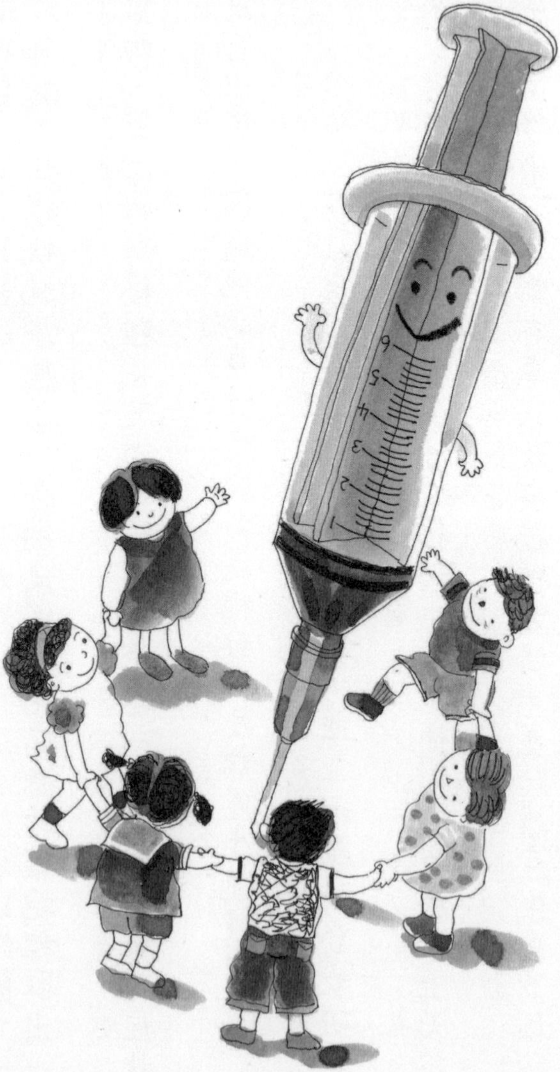

多其他致命的可怕病毒，也都在專家的努力研究下銷聲匿跡。

現在，預防注射已是相當普遍的對抗病毒方式；而對世人做出偉大貢獻的醫學家金納，則被人們尊稱爲「疫苗之父」。

給小朋友的貼心話

小朋友，醫學的進步，讓許多疾病都可以透過預防注射避免；但是，仍有許多傳染病沒有疫苗。你如何避免受到這些疾病的傳染呢？

醫生的另一支耳朵——聽診器

一八一六年九月十三日，雷內克（Rene Laennec）醫生滿臉愁容，從法國巴黎的尼克爾醫院步履蹣跚地走出，腦子裡還在想著病床上那名婦人的疾病：她可能是心臟出了問題，可是我卻沒有辦法做更精確的診斷。

「她如果不是那麼肥胖，或許我還可以用『叩診』法來試試。」

雷內克醫生喃喃自語。叩診法就是醫生用手在患者胸腔或腹部上輕輕敲一敲，藉著敲擊傳回的聲音，判斷體內是否有病變的一種診斷方法；就好像我們肚子漲漲的時候，用手輕輕拍肚皮，就回傳出「乒乒」聲一樣。

但因爲這名婦女實在太肥胖了，一層厚厚的脂肪，任他怎麼敲都聽不到體內的回音。

「又不能將耳朵貼在她的胸膛上聽，這樣太不禮貌了。」雷內克想來想去，實在想不出任何好方法；但是，他再不做出正確的診斷，這名婦人就不能得到有效的治療。再拖下去會有什麼後果呢？他實在不敢想像。

雷內克走到羅浮宮前的廣場；由於廣場正在施工，到處堆了一根根長形的木條。

「哎喲！」心神不寧的他一不小心踢到一根木條，差點兒被絆倒。

「待我把它拿開，免得下一個人也被絆倒。」當他彎腰拿起這根木條，一抬頭，看見廣場的另一邊，幾個小朋友圍著一根木條，不曉得發生了什麼事。在好奇心的驅使下，雷內克便走過去瞧個仔細。

一個小朋友蹲在一根木條的一端，拿出一支細針說：「我要用針來劃木條，你們到另一端聽聽看。」兩個小朋友跑到木條的另一端，一個站著，一個趴下來，將耳朵貼在木條上。當他開始劃動時，耳朵貼在木條上的小朋友立刻興奮大喊：「我聽到了！聽得好清楚喔！」

站著的小朋友好像什麼也沒聽到，他趕緊趴下來，將耳朵貼在木條上；「眞的耶！我也聽到了！」他也興奮地嚷著。

雷內克看到這一幕時突然愣住了：「對呀！這不就是我小時候常玩的遊戲嗎？我怎麼

一直沒想到。如果用針劃木條的聲音，可以透過木條從一端傳到另一端；那麼，胸腔裡的聲音，應該也可以這樣傳送吧？」

雷內克精神一振，急急忙忙跑回醫院，用幾張紙捲成一個圓筒，然後三步併作兩步，快速走到婦人的病床旁邊。

「夫人，不好意思，請讓我用這個紙筒幫您聽診。」雷內克很有禮貌地請求婦人同意。

「當然可以，雷內克醫生。您的醫術這麼高明，不管您用什麼方法，我都很放心。」婦人雖然臥病在床，但精神仍然很好。

雷內克將耳朵湊近紙筒的一端，另一端貼在婦人的左胸上。

「噗通、噗通……」雷內克綻開了笑容：「耶……聽見心跳聲了！聽見心跳聲了！」雷內克醫生仔細分辨其中的細微變化，再對症下藥，終於將婦人的病治好了。

後來，雷內克又花了許多時間研究及改良，用各種不同的材料製造圓管，並以木料製作一個小圓盤，固定於圓管的一端——把它貼在患者的胸前時，比較容易將細微的聲音收集起來，再透過圓管傳送到醫生的耳朵裡。雷內克起初稱它為「指揮棒」，但也

有人嘲笑它是「玩具小喇叭」；然而，事實證明，雷內克的發明不僅可以聽見心跳聲中細微的變化，還能夠發現早期的結核病，使病患及早接受治療，大大提高了結核病的治癒率。

雷內克的發明，就是今天聽診器的前身；所以，他也被稱爲「胸腔醫學之父」。下次去醫院看病時，當醫生用一個連接著金屬小圓盤的黑色細管、像極了隨身聽耳機的工具幫你聽診時，別忘了，這是將近兩百年前、雷內克使人類醫學往前邁進一大步的重要發明。

給小朋友的貼心話

小朋友，雷內克醫生發明的聽診器若是受到噪音干擾，你覺得醫生還能準確診斷嗎？

傳統的聽診器會不會同時聽到其他器官的聲音呢？如果會，有什麼好法子可以改善呢？

飛馳在鐵軌上的火車——鐵軌和火車

大約五千年前的古埃及，人們發現，車子經常行駛的地方，會在地上壓出兩道溝槽；如果讓車輪沿著溝槽行走，比在沒有溝槽的路上輕快些。因此，古埃及人得到靈感，在石塊鋪成的路面上鑿出兩道凹槽，這大概就是最早的軌道。

到了西元一五○○年左右，開始出現木條鋪設的軌道。車子在木軌上行駛，比在石軌上輕便，但木軌容易磨損；因此，西元一六六○年，英國的一座礦區，將運礦用的木軌表面釘上鐵條，以加強它的耐用程度。

但不管是石軌或木軌，以前在軌道上行駛的車子，都是人力車或獸力車；直到鐵軌發明後好一段時間，火車都還沒有出現呢！

最早的鐵軌，出現在西元一七六七年，英國的一家鋼鐵工廠裡。

「這該怎麼辦才好？」卡布羅克德爾（Coalbrookdale）鋼鐵工廠的老闆，望著堆積如山的生鐵，實在很懊惱。

他的女婿看見岳父愁容滿面，關心地詢問：「發生了什麼事嗎？」

「現在金屬價格太差，這些生鐵既賣不到好價錢，堆著又占空間；我已經煩惱了好幾天，一點辦法也沒有。」老闆說。

他的女婿離開工廠後，一路上不斷地想著這個問題。突然，一輛馬車經過他的面前；「小心啊！」駕駛馬車的車伕大聲喊著。

他嚇得跌了一跤；等回過神來，馬車已經走遠了。「眞是的，我太不小心了。」他站了起來，拍拍身上的灰塵，正好瞥見地上讓馬車行走的木軌道，突然心生一計：「對了！生鐵可以做成軌道；等金屬價格上漲時，再拆掉拿去賣就好啦！」

他興高采烈地跑回鋼鐵工廠，把想法告訴岳父。

「這個辦法眞不錯，多虧你想得到。」他的岳父非常高興，立刻請人將生鐵鑄成長條形，鋪設在工廠的地上，讓運貨的馬車行走。

軌道鋪好後，大家的反應都不錯。「我覺得在鐵軌上行駛比在木軌上省力；我們乾脆建議老闆別拆了，以後都用鐵軌吧！」一位駕駛運貨馬車的車伕說道。

「鐵軌不容易變形，馬車在上面行走也很平穩；說不定，以後再也沒有人鋪木軌，全部改用鐵軌。」另一位車伕也這麼說。

正如同他們所預料的，後來許多地方都將木軌改成鐵軌，並在形狀上做了一些改變，讓鐵軌和車輪的形狀更密合，以防止車輪滑脫。

鐵軌發明出來好一陣子之後，不斷有人嘗試利用蒸氣機帶動車輛，代替以獸力為主的馬車，但效果都不是很好。直到西元一八一四年，英國工程師史蒂文生（George Stephenson）才終於成功發明蒸氣火車頭；這個火車頭被取名爲「布魯克」，它可以帶動八節車廂。在之後的十年裡，史蒂文生又陸續製造了十一個相同的火車頭。

不過，他的火車頭仍有許多缺點，例如：速度太慢，而且非常容易震動，有一次甚至從鐵軌上震翻。

「我得再重新設計才行，否則，沒有人願意坐火車，這個發明就沒有意義了。」史蒂文生費了一番功夫，在紙上完成新的設計圖；他非常有自信，認爲這次一定能成功。可是，製造一個新的火車頭需要很多錢，除非有人願意資助他，否則他根本沒有能力完成。

就在史蒂文生的計畫陷入困境時，他剛好聽說有一位皮斯先生，正在鋪設一段供馬車行駛的鐵軌，便趕緊跑去找他。

「皮斯先生，聽說您正準備鋪設鐵軌；我有一個構想，不知道您願不願意聽聽看？」史蒂文生問道。

「說來聽聽吧！」皮斯看眼前這位陌生人非常誠懇，就很仔細地聽完他的說明。「雖然我對蒸氣火車頭不是很瞭解，但我願意資助你，就請你幫我製造一台火車頭吧！」皮斯說道。

史帝文生聽了喜出望外，不斷地向皮斯道謝。後來，他果然成功製造出一台更先進的火車頭，取名爲「旅行者」。

西元一八二五年，英國的斯托克頓附近擠滿了四萬名觀眾，大家緊盯著蜿蜒的鐵軌，樂隊也整齊地站在鐵軌邊，準備見證一場劃世紀的發明。突然，遠方的汽笛聲響起，一台吐著白煙、由史帝文生駕駛的火車頭，沿著鐵軌疾駛過來；它的後面拖著十二節煤車及二十節車廂，裡面共有四百五十名乘客。

「哇！好厲害喔！」所有的人都驚呆了，因為當時沒有任何一種陸上交通工具，可以同時載運這麼多人員及貨品，而且速度快又平穩。歡慶的音樂聲響起，觀眾們也發出一陣歡呼；從此，人類的交通工具史又向前邁進了一大步。

給小朋友的貼心話

小朋友，如果你有一個很好的構想，需要找人幫忙時，你會如何讓它實現呢？

如果你是皮斯先生，你願意幫助一個陌生人完成他的夢想嗎？

留住永恆的影像——攝影

一百七十幾年前的某一天，法國畫家兼舞台設計師達蓋爾（Louis Daguerre），一如往常地走進實驗室，準備拿起昨天放在桌上的一塊金屬板。這塊板子的表面塗了碘，他想試試一種可以將影像留在板子上的方法。

當時攝影技術還沒有發明出來，如果想留下任何影像，只能請畫家用畫的；當然，除非自己會畫，否則請人代畫肖像或其他影像，費用通常不便宜，一般人大概都消費不起。我們現在所能看到的古代人物肖像畫，幾乎都是皇室或貴族的成員，就是這個原因。

「有沒有能將真實影像留下來的方法呢？」達蓋爾和發明家尼埃普斯（Nicephore Niepce）突發奇想，而他們也確實動手實驗；可惜，在還沒有研究出成果時，尼埃普斯便不幸去世，留下達蓋爾孤軍奮戰。

這一天，達蓋爾正準備拿起金屬板，一不小心，將一根銀湯匙掉在金屬板上。「這下糟了！」達蓋爾雖然很懊惱，但他心想，反正這次的實驗可能要重來一遍了，所以也不急著拿走銀湯匙，便先去做其他的事；過了好一會兒，才突然想起這塊金屬板。當他一拿起銀湯匙時，卻發現底下的金屬板上，隱隱約約可以看見湯匙的影像。

「銀湯匙和金屬板上的碘起了化學作用，成爲碘化銀；難道，這是因爲碘化銀的關係？」達蓋爾將這塊金屬板磨平，重新塗上一層碘，以銀湯匙再試驗一次，結果還是一樣，金屬板上留下一個模糊的湯匙影像。

「果然沒

錯！但影像不夠清楚，可能得放久一點才行，這也表示曝光的時間必須要很長。不知道有沒有縮短時間的方法？」過了幾天，達蓋爾又發現，金屬板上的湯匙影像漸漸變黑。「現在又多了一個難題，怎麼才能將影像固定住，讓它永遠不會變黑或消失呢？真是困擾呀！」

在西元一八三五年的某一天晚上，達蓋爾把一個曝光不足的金屬板放在擺滿化學藥劑的櫃子裡；因爲實在太累，他便在實驗室的椅子上睡著了。第二天一早，他打開櫃子，拿出金屬板時，發現了不可思議的現象：原本板子上曝光不足的影像，竟然在一夜之間變清晰了。

「一定是櫃子裡某種化學藥劑造成的；如果能夠把它找出來，應該可以縮短曝光的時間。」然後，他每天反覆相同的實驗：將一塊曝光不足的金屬板放進櫃子，再從裡面拿走一瓶化學藥劑；但每天的實驗結果都相同，板子上的影像都在一個晚上的時間變清晰。到了最後，櫃子裡只剩下一瓶藥劑；「哈！一定就是你了。」達蓋爾信心十足地說道。

爲了更確定他的判斷，達蓋爾還是把曝光不足的金屬板放進櫃子；結果就和他所想的一樣，第二天一早，影像就變清晰了。

當天晚上，他把這瓶藥劑取出，按部就班地再重複一次實驗，但結果卻令他大吃一驚：金屬板在空的櫃子裡，影像依然變得很清晰。「這是怎麼回事？如果不是這些化學藥劑起的作用，那麼到底是什麼原因呢？」

他仔細檢查一遍空的櫃子，發現角落裡有幾滴水銀；達蓋爾恍然大悟：「原來是水銀蒸氣造成的！」

接下來的幾年，達蓋爾都在研究如何讓影像不會變黑的方法。經過無數次的實驗，終於發現「硫化硫酸鈉」可以讓影像「固定」在板子上，永遠都不會變黑，也不會消褪。

自從達蓋爾發現顯影及定影的方法後，攝影技術才開始眞正地發展起來；當時的「照片」，就是一塊塗了化學藥劑、可以顯影的金屬板。後來的科學家再發明出照相機：在拍照之前，先將感光金屬板放進相機後面，就能夠照出影像，並洗出照片來。

攝影技術發展到現在，已經進入數位化時代；沒有底片，也

不需要相紙，就能立刻觀看拍攝的影像，甚至連用來打電話的手機也都能拍照。更方便的是，你還可以將拍攝的影像上網寄給好

朋友，和他們一起分享你的旅遊經驗和心情故事喔！

給小朋友的貼心話

小朋友，你是否有哥哥姊姊或叔叔伯伯是攝影高手？他們是怎麼辦到的？

攝影可以留下生命中值得紀念與回味的畫面；你已學會利用照片與文字，記錄下生命中不能重來的回憶了嗎？

鍋爐裡的祕密——硬式橡膠

西元一八三九年年初，美國麻州沃本市的查爾斯・固特異（Charles Goodyear），正在用橡膠做實驗，可是實驗一直不成功，令他相當苦惱。「我乾脆放棄好了，也許橡膠真的沒有其他可以利用的方法。」

橡樹的樹液乾掉之後會變成具有彈性的固體，這就是橡膠。

大約五百多年前，義大利探險家哥倫布登陸北美洲，就曾經看見當地的原住民小朋友，用橡膠製成的小球玩耍。後來，有更多的西班牙、葡萄牙探險家來到中、南美洲，發現原住民不僅用橡膠製成球，也會把腳泡進橡膠裡；等乾了之後，便自然在腳底形成一層保護，以免走路時腳底受傷。但是，這種鞋底在大熱天時會融化，還會發臭；天氣寒冷時，又會像冰塊一樣碎裂，很不實用。

直到西元一七七〇年，英國的一位科學家約瑟夫．普里斯特利（Joseph Priestley），發現橡膠可以將寫錯的字跡擦掉，而發明了「橡皮擦」。之後開始有許多人注意到這種材料，也有人在進行研究，希望能利用橡膠做出更多東西，固特異就是其中一位研究者；他已經花了很長的時間試驗，但一直沒有成功。

「算了！今天到此爲止，明天再說吧！」固特異打算把桌上的實驗器材收起，一不小心，弄翻了一些瓶瓶罐罐，裡面的液體和粉末倒了一桌，還流進一個熱爐子裡。

「眞是太倒霉了！實驗沒做成，還浪費這麼多原料！」他用刀子輕輕刮起爐子上的原料；但是，原本液體及粉末狀的物質，竟然混合成一塊又硬又有彈性的固體。

「咦？眞奇怪！剛才是哪些東西倒進爐子裡啊？」他檢查桌上翻倒的原料，發現除了橡膠以外，還有鎂、松脂酒精、硝酸和硫磺等。

他開心得不得了：「沒想到，研究了這麼久，最後是因爲一次意外才有新發現。不過，它在低溫時會不會碎裂呢？」固特異將這塊硬化的橡膠放在門外。這時剛好是冬季，氣溫在攝氏零度以下；橡膠一拿到室外，馬上就變得冷冰冰的。第二天一早，固特異再察看這塊橡膠；眞好！完全沒有碎裂的痕跡。

自從固特異的實驗成功之後，輪胎也跟著出現了。但是，固特異似乎對於黏了橡膠底的鞋子不太滿意。

「這個鞋子有什麼問題嗎？爲什麼

還要改造呢？」他的朋友看到固特異又在研究鞋底，不解地問道。

「我想試著用帆布代替皮革來做鞋子，比較舒服，也比較節省成本。」固特異說。

「想法不錯！聽起來應該不會很困難。」他的朋友回答。

但固特異卻搖搖頭：「用帆布做鞋面不難；但要把橡膠鞋底黏上去，可就不是那麼容易了。」

「用黃膠不行嗎？一般的皮鞋都是黃膠黏的啊！」朋友問道。

固特異拿出一隻黏上橡膠鞋底的帆布鞋；「你看！這是我之前做的，黃膠會侵蝕帆布呢！」

朋友接過這隻鞋子，仔細看著鞋底與帆布接合的地方，發現帆布果然被侵蝕出許多小洞，而且鞋面的縫線部分還會綳開。

「我想，在鞋面與鞋底融合的過程中，應該還要加進一點什麼成分吧？但我今天不想試了，明天再說。」固特異說完，便把一些實驗失敗剩下的材料，隨手丟進一個大鍋爐中燒掉。

第二天一早，固特異將鍋爐清理乾淨；在倒灰燼時，他發現有一隻鞋子沒有完全燒掉，特別拿起來看了一下。「咦？橡膠鞋底和帆布鞋面黏合得非常完美，完全沒有侵蝕或縫線綳開的現象。難道是鍋爐裡藏了什麼祕密？」

他仔細檢查了鍋爐，又經過許多次實驗，終於發現，原來是鍋爐裡含有硫，它在高溫的環境裡，可以使橡膠鞋底緊密黏合在帆布鞋面上。

發現這個祕密之後，至西元一九一七年，開始有工廠大量生產帆布鞋，並受到美國籃球明星的喜愛，帶動世界的流行風潮。

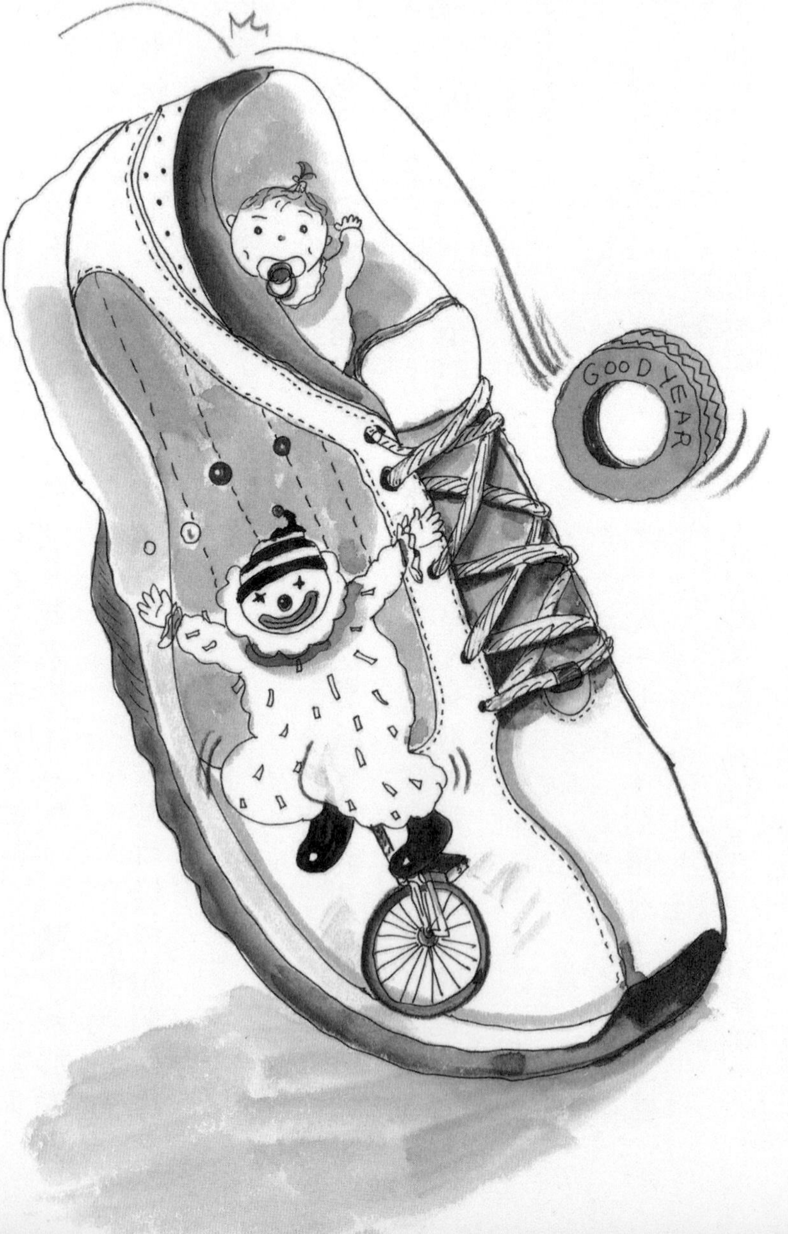
GOOD YEAR

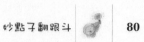

除了輪胎、球鞋，還有嬰兒奶嘴、籃球等很多用品都是用橡膠製成的，爲人類生活帶來非常大的便利。

給小朋友的貼心話

小朋友，你穿過籃球鞋或運動鞋，有沒有想過鞋底的橡膠是怎麼產生的？

想想看：也是橡膠所做的汽車廢輪胎，除了回收之外，還能做怎樣的廢物利用呢？

在睡眠中開刀——麻醉劑

威廉‧莫頓（William Thomas Green Morton）是美國波士頓的著名牙醫，許多病患都指名請他醫治。但莫頓並未因此自滿，仍然不斷地進行醫學研究及實驗，希望能夠找出讓病患在拔牙時不會疼痛的方法。

他與一位牙醫朋友何瑞斯‧威爾斯（Horace Wells）共同做

出一種假牙，但這種假牙必須先將病牙拔除才能裝置。在一百六十幾年以前，人們的牙齒蛀壞了，只能直接在上面裝牙板；可是，病牙會繼續惡化，產生的毒素也有可能會進入體內。現在莫頓他們雖然想出更好的方法，但卻遇到難題。「如果沒有辦法減輕拔牙時的疼痛，大概沒有人會願意裝這種假牙。」

「要不要用嗎啡試試看？」威爾斯提出建議。嗎啡是以前外科手術使用的麻醉劑，它可以使病患進入沒有知覺及睡眠的狀態，在開刀的過程中便不會感到疼痛。但是，嗎啡卻是危險的藥物，有可能使人一睡不醒。

在沒有別的方法可以選擇之下，威爾斯使用嗎啡麻醉一名病患，幫他拔除了病牙；可是，這名病患卻不幸喪生。威爾斯非常自責，而悲慘地結束了自己的生命，令莫頓相當感慨。

「我如果就此放棄，威爾斯不就白白犧牲了嗎？」想到這裡，莫頓只好打起精神。爲了能更專心致力於未完成的研究，他進入哈佛醫學院繼續深造，有空的時候才幫病患看診。

有一天，他和一位化學教授傑克遜（Charles T. Jackson）

提起他的研究；傑克遜說，曾經看過幾位年輕學生開玩笑地吸入乙醚，然後他們便打起瞌睡，任憑旁邊的人怎麼搖都搖不醒。

莫頓馬上回到實驗室，用乙醚在動物身上實驗。一開始時效果不好；於是，他又想辦法製造出比較純的乙醚，並讓自己心愛的小狗吸入。一會兒之後，他的狗睡著了，不管莫頓用手指戳、用火輕輕烘烤毛皮，甚至用針

刺牠都沒有反應。狗很快就醒了，而且跟麻醉前一樣活蹦亂跳。

莫頓自己也試著吸了一些乙醚，然後便昏昏沉沉地睡去；當他醒來的時候，除了覺得有點噁心之外，沒有其他不舒服的感覺，而且很快便恢復精神。之後，莫頓又進行了許多次實驗，證實乙醚可以使人體暫時麻

醉，但不會有嗎啡的危險性。

西元一八四六年九月，一名病患捧著腫脹的臉頰，愁眉苦臉地來找莫頓。「醫生，我再也受不了牙疼了，有沒有辦法幫我止痛？」

莫頓看了一下他的病牙：「蛀得很嚴重，這顆牙該拔掉了。」

「不、不，我不要拔牙！」一聽到莫頓說要拔牙，病患嚇得幾乎從椅子上跳起來。

「我有一種麻醉方法可以讓你在拔牙時不覺得痛，要試試看嗎？」莫頓說。

「眞的嗎？那眞是太好了！我一直不敢來看牙醫，就是因爲怕拔牙。」病患說。

「不過，我得先告訴你，我所使用的麻醉劑雖然經過很多次實驗，也曾用在我自己身上，可以確定它是安全的，但我不能保證絕對安全，因爲每個人的身體狀況不一樣。」莫頓把臉一沉：「它可能使你一睡不醒。」

病患猶豫了一會兒，但牙疼的痛苦實在令他難以忍受。「醫生，就用您的方法吧！這牙疼比要我的命還痛苦。」

於是，莫頓用乙醚麻醉了病患，順利幫他拔除了病牙，然後坐在一旁等他醒來。時間一分一秒地過去，病患仍一動也不動地仰躺在椅子上，莫頓開始緊張起來；直到病患終於哼聲，慢慢張開眼睛，他才終於鬆了一口氣。

「你現在覺得怎麼樣？」莫頓趕緊問他。

「我是不是睡了一覺？」他摸摸自己的臉頰；「咦？那顆爛牙已經拔掉了嗎？」

「就在這裡！」莫頓舉起夾著病牙的鉗子。

「天啊！我竟然一點兒感覺都沒有。醫生，眞是太謝謝您了！」病患感激地說。

莫頓證明了乙醚在牙科治療上的用處；他想，同樣的麻醉方式應該也可以應用在外科手術上。於是，他說服了外科醫生約翰・華倫（John C. Warren），在一八四六年十月十六日替一名頸部長腫瘤的病患開刀時使用乙醚麻醉。這是有史以來第一次的麻醉見證手術，負責施行乙醚麻醉的莫頓非常小心；而當病患進入無意識的睡眠狀態之後，華倫醫生更是戰戰兢兢地完成了手術。

在他們的聯手合作下，這次麻醉手術十分成功，各國的醫學專家也紛紛前來進行學術交流。從此以後，外科手術房裡不再聽見病患淒厲的哀號聲，醫生也可以順利開刀，使手術的成功機率大爲提高。

給小朋友的貼心話

小朋友，麻醉劑是現代醫學的重大發明：你可以發現，在發明過程中，需要許多人的幫助與貢獻。所謂「衆志成城」，做事時如果能結合大家的力量，會有更好的成果喔！

透視你的眼睛——檢眼鏡

「亥姆霍茲教授，請問您在裡面嗎？」德國的柯尼茲堡大學，一名學生輕輕敲著生理學系教授亥姆霍茲（Hermann von Helmholtz）的研究室大門，很有禮貌地問道。

「哦……是弗蘭茲嗎？門沒有鎖，你進來吧！」弗蘭茲是他所教過的學生當中，最認真、最優秀的一位；他知道，弗蘭茲一定又是遇到難解的醫學問題，要來請教他了。

弗蘭茲推開研究室的大門，走近正埋首於醫學書籍中的亥姆霍茲。「教授，您說視網膜可以反射光線，並由透明的瞳孔照射出來；」弗蘭茲說到一半突然漲紅著臉、囁嚅了起來：「可是……我們又看不到眼睛的內部，怎麼知道光線在眼睛裡的反射情形？」他鼓起勇氣把話說完，然後低下頭。他想，亥姆霍茲一定會破口大罵；因為，這是醫學專家布魯克的論點，而他這個初出茅廬的年輕學生，竟然敢提出質疑。

「你說得一點都沒錯，」沒想到，亥姆霍茲一點都不生氣，反而微笑地回答：「我們只能解剖遺體來瞭解眼睛的構造；可是，遺體已經沒有生命了，我們無法觀察光線在眼睛內部的情形。」

亥姆霍茲和藹的態度，讓弗蘭茲放下心中的大石，馬上接著說：「我已經試過好幾次了；我用一支點燃的蠟燭照射對方的眼睛，可是不管放在什麼角度，他的瞳孔都是黑的。」

「當然！那是因為你頭部的影子，擋在你和對方的眼睛之間。除非……」亥姆霍茲停頓了一會兒，「除非將蠟燭或一盞油燈掛在自己的額頭前，才能避開討厭的影子。」

「那也會燒到自己！」弗蘭茲驚呼道。

在額頭上掛蠟燭或油燈的想法，雖然只是亥姆霍茲一時突發的奇想，但如果真的能辦到，就可以觀察視網膜反射光線的情形，並且有助於未來的眼科醫學研究。因此，在接下來的幾天，亥姆霍茲不斷地思索，甚至連平常最悠閒的午後散步時光，腦海裡想的也都是這些問題。

有一天，他在森林裡散步，心裡想著如何透視眼睛的問題，但仍百思不得其解，失望之餘只好回家。他一跨進家門，心裡突然生起一個念頭：「我怎麼沒想到鏡子呢？鏡子可以反光，又不像蠟燭或油燈會燒到自己！」

亥姆霍茲立刻翻箱倒櫃，找出一面有把手的圓凹面鏡。他在鏡子的中央鑽一個小孔，想辦法繫在眼睛的前方，讓眼睛可以透過小孔看出去；再請一個人站在面前，並拿著一片透鏡靠近對方的眼睛，藉由頭上的鏡子，將所集中的光線射進對方的瞳孔裡。

這就是亥姆霍茲最初發明的檢眼鏡（ophthalmoscope，又譯為

「眼底鏡」)。

然而，要完成這個實驗相當不容易，因爲這和凹面鏡的弧度，以及凹面鏡和透鏡、被檢查者的眼睛距離都有關係。因此，亥姆霍茲又花了八天的時間，不斷地反覆測試，才終於完成他的實驗，並證明了光線的確可以從視網膜反射，並通過透明的瞳孔照射出來。

這是在西元一八五一年發生的事，這一年也是人類終於能有效克服眼疾的開端；因爲有亥姆霍茲的發明，後來的醫學專家才能以它爲基礎，不斷地進行研究及改良，將檢眼鏡製作得更完善。

如果你曾到眼科檢查過眼睛，應該會對一種外觀像筆的小手電筒印象深刻；眼科醫生用它來照射你的眼睛，觀察一會兒之後，便能做出正確的診斷。這支神奇

的小手電筒就是檢眼鏡。它雖然和亥姆霍茲最初的發明看起來很不一樣，但其實原理是相同的；它可以讓眼科醫生從病患視網膜的反光動態、形狀、光與影的比例，判斷眼睛裡的病變情況，以便於進行正確的治療，讓許多人及早遠離眼疾所帶來的痛苦。

給小朋友的貼心話

小朋友，你曾經接受過檢眼鏡檢查眼睛嗎？眼睛是靈魂之窗，平常你都如何保養眼睛呢？

肉眼看不見的病魔——細菌

路易士・巴斯德（Louis Pasteur）是法國里耳一個科學機構的教授，他不僅博學多聞，而且也相當熱心，經常會到當地居民的釀酒槽，看看有什麼幫得上忙的地方。

「巴斯德教授，請等一等。」西元一八六四年的某一天，巴斯德才剛出門沒多久，他的一位學生帶著父親，從後面趕了上來。

「教授，這是我的父親，他有問題想要請教您。」

「您好！您的孩子學業成績很好，也很認真學習，您可以放心。」巴斯德說。

「謝謝您！不過，我不是要問這個。」這位父親有點不好意思地說：「是我的釀酒槽啦！有個問題我一直想不透，困擾了很久。」

「其實我的釀酒知識可能還比不上您呢！但我很樂意把我知道的都說出來。」巴斯德雖然是地方上很有名望的教授，但卻非常謙虛。

「不、不，您是無所不知的教授，一定可以解決這個問題。」然後，這位父親帶巴斯德到他的釀酒槽，並打開兩個裝著甜菜液酒桶的蓋子，讓巴斯德聞一聞裡面的氣味。「嗯……這桶酒很香，釀得非常好。」接著巴斯德又再聞另一桶，卻馬上皺起了眉頭：「這桶酒壞了！」

「這就是我最迷惑的地方。」這位父親說：「這兩桶甜菜液是同一個時間釀製的，而且方法完全相同，酒槽的形狀也一樣，但爲什麼有的可以釀成功，有的卻腐敗了呢？」

於是，巴斯德從這兩個酒桶裡，各取了一點甜菜液帶回實驗室。在顯微鏡底下，他發現釀成酒的甜菜液裡有許多「酵母」顆粒，它們可以長出新芽，再生出許多酵母，這就是讓甜菜液變成酒的關鍵。但從另一個酒桶取出的甜菜液中，不僅找不到酵母，還有許多桿狀的物體在跳動！

「難道，就是這些桿狀物體使甜菜液腐敗的嗎？如果把它們放進有酵母的甜菜液裡，又會產生什麼變化呢？」巴斯德立刻動手實驗，從腐敗的甜菜液表面撈了一點浮渣，放進釀成功的酒裡；一段時間之後，這些酒也腐敗變臭。他再用顯微鏡觀察，發現裡面的酵母已被桿狀物體殺死，全都不見了。

現在他幾乎可以確定，使甜菜液腐敗的罪魁禍首，就是

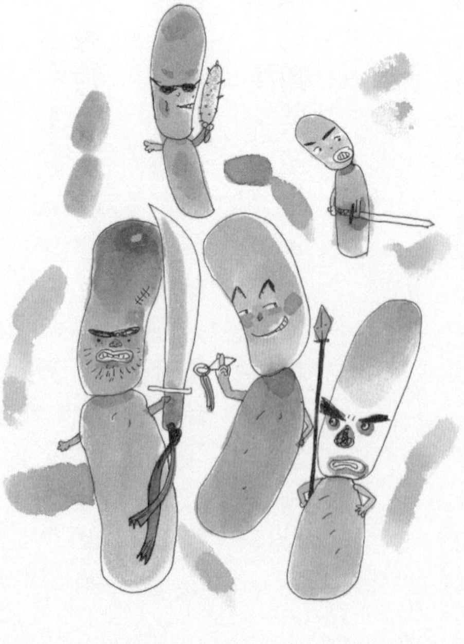

這些桿狀物體。但巴斯德仍然很謹慎，他再度回到釀酒槽，重新採取了許多樣本，經過反覆檢查及實驗後，發現每一次的結果都相同。最後，他獲得一個結論：這些桿狀物體是來自於空氣中的微生物，也就是我們肉眼看不見的細菌；它們進入甜菜液之後，會在裡面生長繁殖，使甜菜液腐敗發臭。

「所以，只要避免甜菜液與空氣直接接觸，就可以減少腐敗的機會。」巴斯德把他的研究結果，告訴里耳當地的釀酒工，並要大家儘量將酒桶密封好，不讓細菌趁虛而入，以免造成釀酒失敗的損失。

不僅如此，巴斯德還發現一些細菌會讓人生病；這個論點，使後來的醫生明白引發許多疾病的原因，進而找到治療及發明藥物的方法。

今天，大家都知道許多疾病是由細菌引起的，所以打

噴嚏會用手摀住口鼻，感冒時也要戴上口罩，以免將病菌傳染給別人；除此之外，現在也很少看到大家共用一條毛巾、一個杯子或一支牙刷的情形。這些個人及公共衛生習慣的改善，就是從一百四十多年前，巴斯德在釀酒槽裡發現細菌之後慢慢開始的。

給小朋友的貼心話

小朋友，你有看過細菌嗎？用學校的顯微鏡觀察看看吧！
你曾經有過被細菌感染的經驗嗎？平常你會怎麼預防細菌感染？

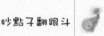

不讓細菌作亂——殺菌消毒

十九世紀時，許多經過開刀手術後的病人，都因為傷口發炎化膿而死亡。約瑟夫・李斯特（Joseph Lister）是一位外科醫生，對於無法挽救病人的生命感到非常遺憾。他常常在想：「這是為什麼呢？」

西元一八六五年，有一天他在幫一位骨折刺穿皮膚的病人治療時，看到傷口發炎潰爛的情形，不禁感嘆：「爲什麼『穿破性骨折』的病人這麼難治療？」

骨折通常是人體受到強大的外力，而使骨骼碎裂的一種傷害。在當時，如果發生碎骨留在體內、沒有刺穿皮膚的「閉合性骨折」，病人大都可以復元；可是，萬一碎骨穿破皮膚，形成穿破性骨折，即使經過再好的治療，都有大約一半左右的病人會死亡。許多外科醫生都認爲，「我們已經盡力了，這眞是沒有辦法避免的事呀！」但李斯特不肯服輸。

「穿破性骨折和閉合性骨折的差別，在於一個皮膚表面有傷口、一個沒有傷口，問題應該就是出在這裡。」李斯特說。

「您說得很有道理。如果穿破性骨折的傷口出現發炎及化膿的情形，等於就是宣判了病人的死刑；他會發高燒，然後死亡。」李斯特的一位助手，一直都很支持他的觀點。

「同樣的情形也出現在開刀之後、或有大型傷口的病人身上，他們的傷口很容易化膿，而且通常最後都會死亡；這一定是因爲某些東西接觸傷口造成的，必須先找出病因，才有辦法治療。」

李斯特說道。

有一天，同校的一位化學教授拿了一本法國的科學雜誌來找李斯特，問他：「你看過這篇論文了嗎？」

「什麼論文？」他問道。

「這是一個法國人巴斯德寫的，說什麼空氣中的微生物會讓甜菜液腐壞，我是不太相信啦！但你不是認爲傷口會發炎、化膿，一定是接觸某種東西造成的嗎？和這篇論文提到的觀點倒是有點相似。」他的同事雖然這麼說，但言語之間帶著嘲弄的口吻。不過，李斯特一點也不在乎，因為他完全被這篇論文吸引住了。他向安德遜借了這本雜誌，帶回實驗室仔細研讀。

在接下來的

幾個星期中，他將巴斯德的所有論文全都找出來讀了一遍，並親自操作論文中提到的實驗。他深信，空氣中絕對存在著微生物，而且這些微生物就是造成傷口發炎的原因。

「怎麼辦呢？我無法讓傷口不接觸空氣，除非……把傷口上的微生物消滅掉；但問題是，能用什麼方法殺死牠們？」李斯特想試試用高溫的方法；但是，不可能將傷口放進熱水煮或火裡烤。所以，他腦筋一轉，想到或許可以利用對傷口無害、卻能殺死微生物的藥物。

他開始尋找適合的化學藥品；經過多次實驗後，發現石炭酸的效果應該不錯。剛好這時有一位穿破性骨折的病人前來求診，他把破裂的骨頭移回原位後，便在傷口上塗了石炭酸，然後請助手幫忙將傷口包紮起來；可是，他的助手拿了一塊很髒的亞麻布替病人包紮。幾天以後，病人便去世了，因為他的傷口依然發炎化膿。

「怎麼會這樣呢？我實驗了這麼多次，不應該會有問題啊？」

李斯特心裡非常難過，他認為他的方法沒有錯，一定是微生物透過其他的管道侵入傷口；可是，到底哪裡出了問題，他左思右想都還是無法獲得解答。

過了一段時間，又有一位腳部發生穿破性骨折的病人前來求診，他的情況比之前那位病人還嚴重；「他的腳應該是要切除了。」李斯特的助手說。

要是在以前，李斯特遇到這麼嚴重的骨折病人，眞的只能選擇切除；但是，他現在有更好的方法。「我再試試石炭酸，或許這條腿還可以保留。」

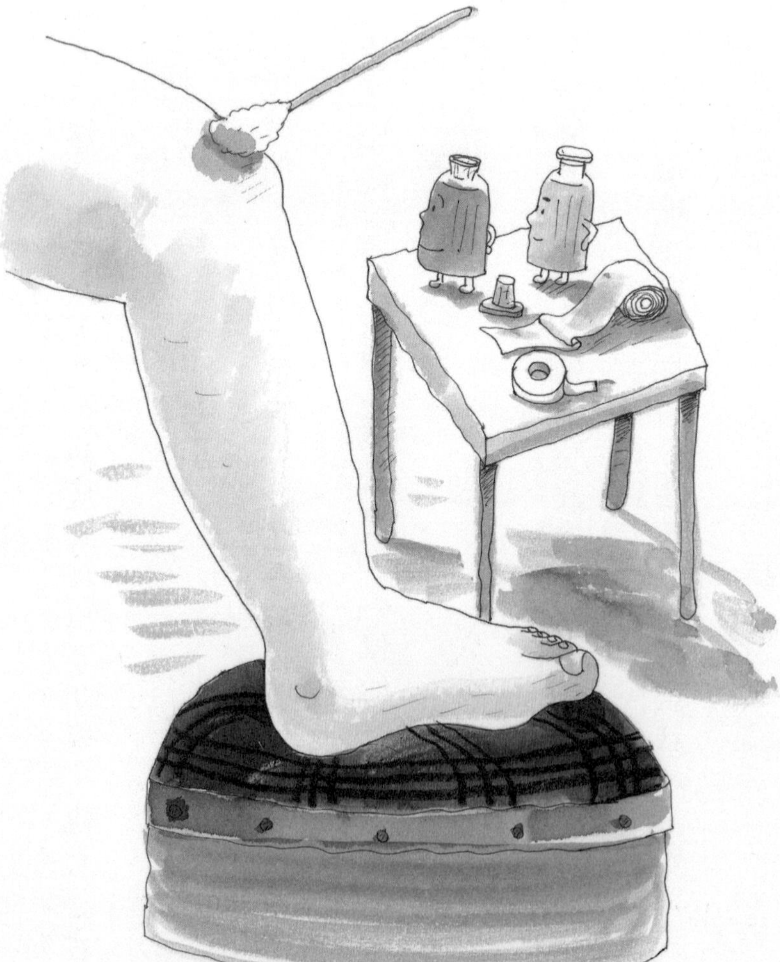

這次，他將斷骨的兩邊及傷口都塗了石炭酸；當助手又拿了一條不太乾淨的亞麻布要來包紮時，他立刻發現問題的關鍵了。

「等一等！請換一條乾淨的亞麻布，用熱水煮過再來包紮；而且，除了石炭酸及煮過的亞麻布，千萬不要讓傷口碰到其他東西。」

助手雖然不明白李斯特的用意，還是依照他的交代，每天幫病人換乾淨的亞麻布及處理傷口。到了第八天，奇蹟出現了，病人的傷口完全沒有發炎跡象；又過了一陣子，病人的傷口完全癒合，而且能下床慢慢走動。李斯特不但替他保住了一條腿，也保住了珍貴的生命。

你或許很難想像，在李斯特提出他的看法以前，大部分的醫院都很髒亂，醫護人員只會用不太乾淨的亞麻布替病人包紮傷口，外科醫生也經常穿著同一件手術衣幫幾十個病人開刀。

這些在目前看起來不可思議的現象，都是因為人們不知道空氣中存在著讓人生病的微生物，以及殺死微生物、避免牠們侵入人體的方法。

所以，我們今天能在乾淨明亮的醫院接受無菌治療，都得歸功於一百四十多年前、李斯特鍥而不捨的研究及推廣精神。

給小朋友的貼心話

小朋友，當你受傷時，傷口是不是都要經過消毒？打針時是不是都會換上新的針管和針頭？醫院也總是保持潔白明亮呢？這都是為了要避免細菌感染的必要措施喔！

測知身體的溫度——體溫計

如果一支體溫計有二十五公分長，夾在腋下就像一把手槍，而且必須花二十分鐘以上的時間才能測出體溫，你可以想像，量體溫將會變成一件多麼不方便的事情！

然而，在一百四十多年以前，體溫計眞的就是這麼長，許多醫生都不太喜歡使用，因爲它既不方便，量出來的體溫也不是很準確。不過，英國里茲（Leeds）醫院年輕的奧爾巴特（Thomas Clifford Allbutt）醫生可不這麼認爲。

西元一八六五年十月，斑疹傷寒在里茲大流行，許多人感染了這種疾病，光是躺在里茲醫院裡等待治療的病患就有六百多位，後來甚至連駐院的醫生也幾乎都被感染了。

「奧爾巴特醫生，您該休息一下了！」奧爾巴特是里茲醫院裡少數沒有被感染的醫生，所以這陣子特別忙碌，因爲幾百個病患都需要他來治療。助手看著他從早忙到晚，連午飯都沒有時間吃。「再這樣下去，您也會病倒的。其實，有些病患已經沒辦法醫治了，您何必花太多時間替他們看診？」助手忍不住說道。

「我不能放著病患不管；即使他們只剩幾個鐘頭的生命，我都要儘量讓他們過得舒適些。」奧爾巴特堅定地說：「這就是我們當醫生的職責。」

奧爾巴特走到一張病床前，床上躺著一名老婦人；她雙眼緊閉，臉色蒼白，看起來病得不輕。奧爾巴特趕緊脫下禮帽，拿出木製的聽診器及一支長約二十五公分的體溫計，爲她進行診斷。

高高的禮帽和大禮服，是當時醫生普遍的穿著，就像現在的醫生都穿白袍一樣，是人們公認的制服。

奧爾巴特聽了老婦人的心跳，再把她的手臂抬起，將長長的體溫計夾在腋下。「唉……」站在一旁的助手輕輕嘆了一口氣。他實在想不透，奧爾巴特爲什麼還要使用這種既花時間、又不怎麼準確的體溫計；如果是在平常的日子也就算了，可是現在病患這麼多，如果每一個人都要量體溫，即使鐵打的身體也受不了。但他也知道，以奧爾巴特認真又執著的個性，任憑他再說什麼都沒有用；不過，他還是希望能幫得上忙。

「奧爾巴特醫生，您去幫其他病人看診吧！我在這裡等就好了。」助手說。

「我知道你是一番好意；可是，這個體溫計有個很大的缺點：如果到了測量好的時間不立刻做記錄，體溫計上的水銀柱會馬上回復到室溫的高度。所以還是讓我自己來吧！」奧爾巴特接著繼續說道：「總有一天，我要改善體溫計的所有缺點，長度還要再縮短一些，最好可以放進口袋裡。」

35
6
37
8
9
40
1
42

奧爾巴特可不是隨便說說而已。十一、二年以後，他真的將體溫計的長度縮短了將近一半；而且，只要放在舌頭下五分鐘，就能測量出體溫了；量完之後，水銀柱也不會馬上掉下，必須用力甩動，才能使它恢復。後來，他再將體溫計縮短到只有八、九公分長，差不多就是我們現在所使用的體溫計長度。

其實，世界上第一支溫度計，是四百多年前義大利科學家伽利略(Galileo Galilei)發明的。它是一支畫有刻度的細長玻璃管，一端是封閉的球形，另一端開口插在水裡；當周圍的空氣溫度產生變化時，玻璃管裡的水柱會升高或降低，就能測出溫度。但是，水柱的高低容易受到大氣壓力影響，有時候測出來的溫度並不是很準確。

後來，伽利略的學生托里切利（Evangelista

Torricelli）用酒精代替水，使溫度計不會受到大氣壓力的影響，並被一位醫學教授運用在人體溫度的測量。不久之後，又有一位義大利科學家以水銀代替酒精，製造出奧爾巴特還未改良前的那種大型體溫計。這種體溫計被應用在醫療診斷之後，雖然許多醫生不是那麼習慣用它，但還是一用就用了兩百年。如果不是奧爾巴特的改良，也許，現在短小、方便的體溫計就不會誕生了。

今天，幾乎每個家庭的醫藥箱裡都有一支體溫計，到底有沒有發燒，自己就能測量得出來。這都得感謝一位醫生發自對病患的愛心。

給小朋友的貼心話

小朋友，體貼他人的心，也是發明的原動力；體溫計經過不斷更新，你知道現在還有哪些體溫計嗎？

有些國家目前已經禁止使用水銀體溫計，你知道為什麼嗎？

把帳篷變褲子——牛仔褲

「我要待在這裡安安穩穩地過一輩子嗎？」西元一八五〇年，二十一歲的李維・史特勞斯（Levi Strauss），在家鄉德國的一個小鎮中當文書職員。當時有人在美國西部發現金礦，掀起一陣淘金熱；年輕的李維也躍躍欲試，想到這個陌生的地方開創天地。

李維和家人商量之後，在他們的祝福下，千里迢迢地來到了美國西部的舊金山。

「我要開始展開我的新人生了！」經過幾個月的舟車勞頓，李維終於來到他的夢想世界。當他興致勃勃地準備加入淘金的行列時才發現，前來淘金的人太多，眞正能找到金礦的人卻少之又少；可是，李維已經辭去了穩定的工作，又花了許多旅費才來到這裡，如果就這麼放棄，損失實在太大。

李維並沒有困擾很久；因爲他很快就發現，這裡物資十分缺乏，許多淘金客爲了採購生活用品，得到好幾十公里以外的鎭上才能買到。他便開了一間專賣日用品的小店，生意果然不錯，沒多久就將成本都賺回來了。

李維來到舊金山之後的第三年，有一天，他到港口接下一批貨物。這些貨物才一下船，各種日用品馬上就被搶購一空，但許多用來縫製帳篷、馬車篷的帆布卻乏人問津。

「怎麼都沒有人來買帆布呢？」望著堆積如山的帆布，李維非常苦惱。

這時，一位淘金客向他走了過來，李維開口問道：「你是不是要買帆布？我還有很多呢！」

「幾乎每個淘金客至少都有一頂帳篷和馬車篷，何必再做一頂呢？我倒是很想買一條耐磨的褲子。」淘金客說道。

「耐磨的褲子？爲什麼要買這種褲子？」李維問。

他指著褲管上的破洞說：「我們常在砂泥或岩石堆中工作，褲子很容易磨破；如果有像帳篷帆布這麼耐磨的褲子就好了。」

這名淘金客的話提醒了李維。「對呀！反正這些帆布也賣不出去，乾脆全都製成工作褲吧！」

李維用帆布製成的褲子果然大受歡迎，被大家稱爲「李維氏工裝褲」。不久之後，不僅原本銷路不好的帆布全都製成褲子賣掉了，還另外縫製了更多的帆布褲供淘金客購買；他的小店也不再販賣日用品，而改成工裝褲專賣店。

但李維不因此滿足，他覺得這種褲子還是有許多缺點必須改善。「帆布雖然耐磨，但布料太硬，沒有辦法做太多變化，穿起來也不舒服。有沒有其他的布料可以代替呢？」

後來李維發現，法國有一種藍白斜粗紋棉布，同時具有耐磨及柔軟的特性；他便從法國訂購了一批布料，用來代替帆布製成褲子。經過改良之後，漸漸地，連鎮上的人都來買他的褲子穿，生意越來越好。

由於這種褲子是從淘金客之間開始流行起來的，當時他們大都以馬匹爲交通工具，因此被叫做「牛仔」；而李維設計的褲子，也就被稱爲「牛仔褲」。

有一天，一位裁縫師雅各布．戴維斯（Jacob Davis）來找李維。「最近很多人都來找我修補褲子的口袋。」

「怎麼會這樣？我都縫得很牢啊！」李維很困惑。

「我發現他們經常將沉甸甸的礦石塞進口袋，所以口袋容易綻線。後來我想到一個法子：乾脆在口袋的邊緣縫上皮革，開口的兩邊再釘上黃銅釘，不就牢固多了嗎？」戴維斯說道。

李維覺得這真是個好主意；「加了這些工不僅實用，而且也很美觀。」

「你可以在縫製褲子時就直接加上去啊！一定會大受歡迎的。」在戴維斯的建議下，李維製作了許多釘上黃銅釘的褲子，

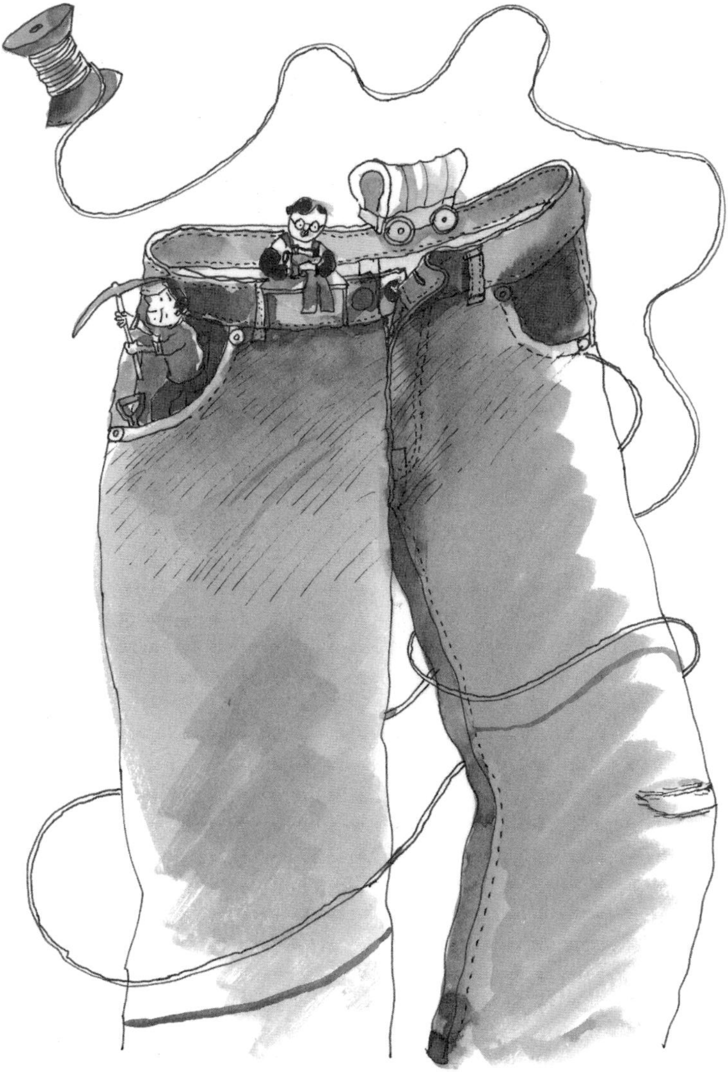

並在西元一八七二年申請專利。我們現在經常穿的牛仔褲樣式，就是在那個時候定型的。

從此以後，耐穿、耐磨又美觀的牛仔褲，從舊金山向外地流行開來，而且各行各業的人都喜歡穿它；但是，牛仔褲一直不能成爲正式場合的穿著，這也是李維一生中最感到遺憾的事。不過，現在幾乎每個人至少都有一條牛仔褲，這一點應該沒有人會否認吧！

給小朋友的貼心話

小朋友，你有牛仔褲嗎？覺得穿起來怎麼樣呢？穿衣不僅要求舒適美觀，也是一種禮貌；要注意場合，穿著適當的衣服喔！

通過電線的聲音——電話

一百多年前，在美國波士頓大學亞歷山大·格雷漢·貝爾（Alexsander Graham Bell）教授的家裡，有一天來了一位陌生的訪客。

「貝爾先生，我叫湯姆斯·桑德士（Thomas Sanders），是從塞內姆來的。」陌生訪客相當有禮貌地先自我介紹。「是這樣的，我有一個兒子，很不幸地，他一出生就聽不見；現在已經五歲了，仍然沒有辦法學習說話。我聽說您是音學方面的專家，所以很冒昧地請求您，是不是可以到塞內姆來教導他？」

貝爾原本是蘇格蘭人，由於年輕時罹患肺結核，所以他的父親決定舉家搬到空氣比較好的加拿大安大略定居。經過一段時間的調養之後，貝爾完全恢復健康，後來前往美國波士頓開設「音聲生理學校」，專門幫助聽不見的聽障人士學習說話；不久之後，又被波士頓大學聘爲教授。那一年，他才二十六歲而已。

年紀輕輕就能當上教授，這對貝爾來說是相當的榮耀和肯定；可是，眼前這位陌生人的請求，等於是要他放棄這個令人尊敬的地位。貝爾深鎖眉頭，他心裡想：「在塞內姆沒有這方面的老師可以幫助聽障人士；但在波士頓，卻不用擔心教師缺乏的問題。我應該去塞內姆，不只是幫助這名父親的兒子，還要幫助當地更多的人。」

於是，貝爾便接受了桑德士的邀請，住進他位於塞內姆的家中，並盡一切的能力，教當地的聽障兒童開口說話。他白天教學，晚上便借用桑德士公館的一間空地下室，進行他的另一項專長——電訊方面的研究。

「貝爾先生，沒想到您對電訊也有研究。」桑德士看見埋首於一堆鐵絲、線圈、電池等零件中的貝爾，驚訝地說。

「是很有興趣沒錯，但還沒有研究出什麼成果。我一直在想，怎麼讓音樂通過電線來傳遞。」貝爾一邊低頭實驗，一邊回答。

桑德士一聽，也感到相當有興趣。「貝爾先生，您儘量放手去實驗，不用擔心經費的問題，我可以全力支持您。」

原來，桑德士是當地一家公司的老闆，家境還算富裕。他之所以願意出資協助貝爾，一方面是爲了感謝他教導自己的兒子，另一方面則是認爲，如果貝爾成功了，可以爲人類社會帶來極大的進步，同時也會創造無窮的商機。他還幫貝爾請了一位年輕的助手，叫湯馬士．奧格斯達斯．華生（Thomas Augustus Watson），並騰出了屋頂後方的幾個房間，讓他們進行研究。

當時已經有人發明了電報；但電報電纜一次只能傳送一個電訊，當越來越多人使用電報後，電訊公司因爲無法應付而大傷腦筋，所以很多人想要研究出可以用一條電線同時發出多種電訊的辦法，貝爾也是其中之一。他在獲得桑德士的資助後，到了西元一八七四年，便能夠用一條電線同時傳送十到十二種電訊了。

「華生，我的夢想是希望用電線傳送聲音，我們還得繼續努力。」貝爾不以目前的研究成果自滿，他還想更進一步；「我一直在想，是不是可以把人說話的聲音變成電流，將電流通過電線傳送出去，然後再把電流還原成聲音。」

「雖然我跟隨您研究的時間不長，但我相信您一定會成功。」

華生由衷地說。

但他們的研究卻不像之前這麼順利，還受到許多人不信任的眼光。當所有的實驗結果都宣告失敗時，在西元

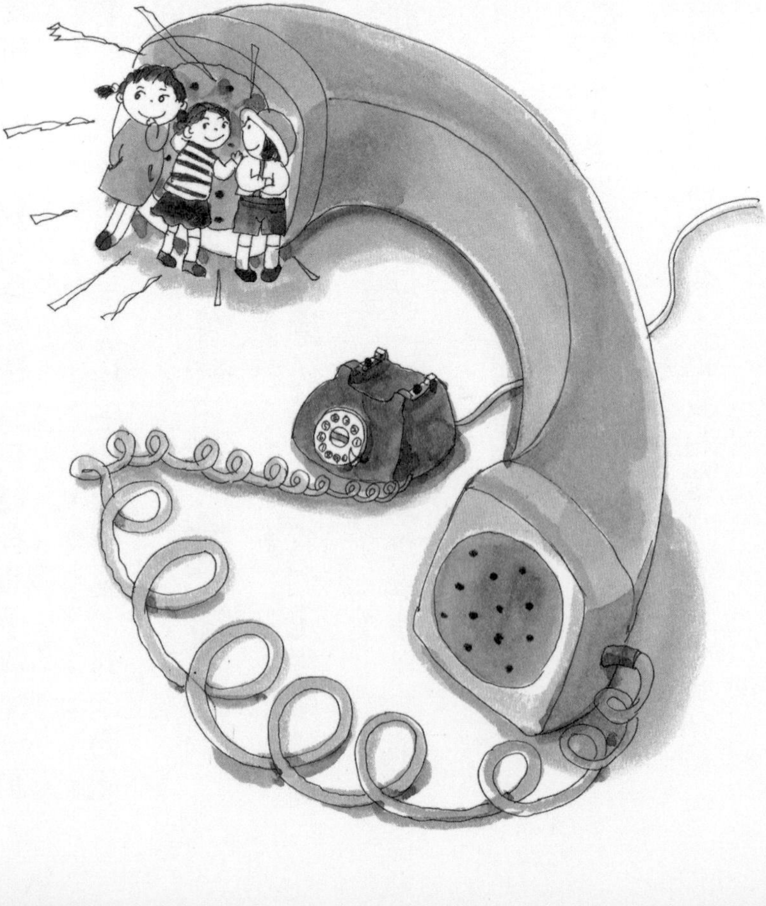

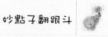

一八七五年六月二日的一個午後，情況有了轉變。

這一天，華生在用發訊機試驗時，一個彈簧卡住了；他不停地猛拉彈簧，想將它調回原位。這時，坐在另一個房間的貝爾，從收訊機上竟然聽見嗡嗡的聲音。

他趕緊跑到華生這裡，一進門便迫不及待地大聲問道：「你剛才做了什麼？」

「沒有什麼啊！不過是一個彈簧壞了。」華生以爲他做錯了什麼，很緊張地回答。

貝爾請他再拉幾次彈簧，然後又重覆實驗了許多遍，發現從收訊機聽見的聲音，與華生拉彈簧的強弱節奏相同。

「我們就快成功了！」貝爾信心十足地說道。

第二年的三月十日，貝爾在一樓放著收話機，在三樓放著發話機，然後他對著發話機說：「華生，請你過來一下。」

過了一會兒，華生便從一樓跑到三樓，一路上興奮地大喊：「聽到了、聽到了，是您的聲音，聽得很清楚呢！」

世界上第一具電話就這麼誕生了。不久之後，電話就成爲人們最普遍的通訊方式之一，不論距離多遠，只要裝有話機便能和對方交談；到了近代，更發展出無線電話機和手機。而當初貝爾用電話說的第一句話：「華生，請你過來一下。」也隨著電話的誕生故事一起被後人傳誦。

給小朋友的貼心話

小朋友，隨著時代的進步，已經家家幾乎都有電話，甚至人人都有手機了；不過，要注意的是，手機只是聯絡的工具，可別「手機中毒」——過於依賴手機喔！

點亮世界的光明——電燈

兩百年前，電燈還沒有發明出來，每到夜幕低垂，人們不是早早上床睡覺，就是得點燃煤氣燈，在昏暗的火光下做事；但煤氣燈很危險，一不小心就會發生火災。

「我一定要發明一種不用火就能點亮的燈。」美國的發明家愛迪生（Thomas Alva Edison）發願。在他立下這個志願之前，已經成功發明了留聲機和複印機，並改良電話及發報機，成果相當輝煌；但每次看到人們使用危險的煤氣燈時，就覺得自己的肩膀上又多了一個重擔。

「愛迪生先生，您已經發明這麼多東西，大家都很肯定您的成績，爲什麼不放輕鬆點兒，還要不斷地發明呢？」他的一位助手問道。

「我發明不是爲了自己的成就，而是希望爲人類帶來便利的生活。實在有太多東西要發明了，時間都不夠用，怎麼可以休息呢？」愛迪生說完，便再度埋首於一堆實驗器材中。

其實，愛迪生並不是一個天才，他從小是個「問題兒童」，才上了三個月的課，就被學校退學；後來在火車上當報童、在車站當報務員，都因爲表現不好而被開除。但因爲他非常努力自修，靠著對機械的瞭解，及優良的維修技術，逐漸建立起名聲，並在紐澤西州的門羅公園（Menlo Park）開設了一家工程公司。除了改良和製造各種機器外，他還請了幾位專精於科學的助手，一起從事研究發明。

在西元一八七九年十月的某一天，愛迪生穿著一件領口很高、下襬拖到地上的工作服，頂著一頭蓬鬆的亂髮；一看就知道，他又爲了新的發明，連續幾天都沒睡覺了。

愛迪生走到助手厄普頓的旁邊，看見他正爲了計算各種形狀、大小的玻璃燈泡容積，傷透了腦筋。

「別爲這點小事煩惱，」愛迪生拿起一個燈泡，在裡面注滿了清水，然後倒進一個畫有刻度的量杯；「這不就知道它的容積了嗎？」

他再走到另一間實驗室，助手巴切勒在桌面上擺滿了各種用來做燈絲的材料：木頭纖維、釣魚線、棉線、紙條，甚至還有愛迪生的頭髮、巴切勒的鬍子；只要是所能想到的細絲狀物，他們全都找來了。

「愛迪生先生，您已經試了一千六百種材料了，還要繼續試嗎？」巴切勒問道。

「當然要繼續！之前用的材料最長只能亮八分鐘，要不就是一明一滅的，很不穩定。我相信我的方法正確，只是還沒找到適合的燈絲。」愛迪生堅定地回答，隨即著手實驗，然後有了新的想法。「巴切勒，麻煩你將棉線烤成黑碳，但不能斷掉；然後送到厄普頓那兒，把它裝進燈泡裡。」

可是，烤成黑碳的棉線變得非常軟，一不小心就斷成好幾截；他們費了好大的功夫，才終於將一根完整的碳化棉線，裝進一個抽掉空氣的眞空玻璃燈泡裡。

「好啦！我們現在等著看成果了。」愛迪生將燈泡通上電，燈泡果然亮了，而且沒有閃爍的現象。他們緊張地盯著燈泡，一面計算著時間；八分鐘過去了，燈泡仍然是亮的，他們才鬆了一口氣。

「還沒成功呢！我希望它能亮得更久。」愛迪生和助手就在實驗室裡守著燈泡，時間一分一秒地過去，他們不敢睡覺，因爲怕萬一燈泡熄滅了，就沒法計算正確的時間。

過了兩天，燈泡才熄滅。「四十五個小時！」愛迪生興奮地高喊，一旁的助手也雀躍不已，似乎將之前的疲憊全都忘記了。

「我的下一個目標：一千個小時！」愛迪生繼續不斷尋找新的燈絲材料，讓燈泡的壽命從四十五個小時，延長到一百、兩百小時，最後終於製造出可以點亮一千兩百小時的竹絲燈泡。

爲了讓電燈普及到每個家庭，他又發明了供電系統。直到西元一八八二年，美國紐約珍珠街的發電站正式啓用，愛迪生總算完成這項艱鉅的任務，大大改善了人們的生活。

對世界做出這麼偉大貢獻的愛迪生，仍然沒有停止他的研究，在西元一九〇六年，又製造出可以亮得更久

的鎢絲燈泡。直到一百年後的今天，鎢絲燈泡仍是我們最常使用的燈泡之一。

愛迪生鍥而不捨地努力研究，不僅爲他自己贏得「發明大王」的稱號，更將人類世界推向光電時代，帶來永遠的光明。

給小朋友的貼心話

小朋友，想像一下：如果沒有電燈，我們的生活會變成什麼樣子呢？想想停電時摸黑的經驗吧！

愛迪生說：「天才是九十九分血汗加一分靈感。」你覺得呢？

藥變成了清涼飲料——可樂

西元一八八六年，美國喬治亞州亞特蘭大市的一位藥劑師約翰・潘博頓（John Pemberton），在自家的實驗室裡調配各種藥劑和飲料。當時他已經調配出「法國酒可樂」（一種提神醒腦的飲料）、「檸檬柳橙綜合營養汁」、「潘博頓牌印第安皇后神奇染髮劑」，但他覺得還是不夠，因此不斷地實驗，想發明出一種很特別的飲料，可以提供營養過剩的人飲用。

有一天，他在鍋爐裡加了許多原料，邊煮邊用大杓子攪拌；當原料煮沸之後，鍋裡傳出

陣陣香氣。「好香啊！不知道好不好喝？」他試喝了一口，覺得好像還少了什麼東西，於是請助理魏納伯來嘗嘗。

「我覺得不錯啊！」魏納伯喝了一口說：「如果是甜的，應該會更好喝。」

「我也是這麼想，那就麻煩你加一點糖漿進去。」潘博頓說道。

魏納伯在鍋爐裡加了糖漿，並用大杓子攪拌，然後他們再一起試喝。「眞的好喝多了，如果是冰的更好。」潘博頓相當滿意地說。

「不過，這種飲料只適合營養過剩的人，有點可惜。」魏納伯覺得，這麼好喝的飲料，如果每個人都能喝的話該有多好。

「不是只有營養過剩的人才能喝，我在調配的過程中改變了一些配方，它可以提神、解除疲勞，還可以減輕頭痛。」潘博頓說道。

魏納伯驚訝地說：「那麼，應該很多人都可以喝囉？」

「沒錯！我們也讓其他人試喝一下。」潘博頓說完，便和魏納伯兩人帶著新配方飲料到雅各藥房去。藥房老闆看到他們，熱情地出來打招呼：「好久不見，最近有沒有新配方呀？」

「有！這是一種非常好喝的飲料，而且還可以提神喔！」潘博頓倒了一杯遞給藥房老闆，魏納伯則幫忙加一些冰塊進去。藥房老闆接過這杯飲料，輕輕啜飲了一口：「嗯……真的很好喝，我想應該會很受歡迎。」然後他把整杯飲料都喝完了。

「再喝一杯吧！」魏納伯又倒了一杯給他；可是，這次卻一不小心，將一些含有二氧化碳的水——也就是沒有加糖的汽水混了進去。

「唉呀！不能喝了。」魏納伯正準備將飲料倒掉時，藥房老闆覺得無所謂，連忙阻止他。「沒關係，反正都是可以喝的東西，倒掉多可惜。」

藥房老闆將飲料拿過來喝了一口；「哇！真是……真是……」他半天說不出話來。魏納伯著急地問：「怎麼樣？是不是很難喝？對不起，都是我太大意了。」

沒想到藥房老闆卻很興奮地說：「太棒了！我從來沒有喝過

這麼好喝的飲料，你們也來試試。」

潘博頓和魏納伯聽他這麼說，也趕忙倒兩杯加了二氧化碳水的飲料來喝。「眞的耶！比原來的還好喝。魏

納伯，幸好有你的不小心。」潘博頓對於這個意外調配出來的飲料滿意極了，喝完一杯之後，又再喝了第二杯。

「既然它是所有人都能喝的飲料，我們就不能把它當成藥來賣，這樣會影響銷路。」藥房老闆說道。

「那要叫它什麼好呢？」潘博頓一時想不出什麼好名稱，覺得非常苦惱。

「這個飲料裡面有什麼特別的成分嗎？或許我們可以利用原料的名稱來取名字。」在藥房老闆的提醒之下，潘博頓突然靈光一現。「飲料裡共有十五種配方，其中包含了古柯（coca）葉和可樂樹（cola）的果實，就叫它『可口可樂』（Coca Cola）怎麼樣？」

「好極了！順口又響亮。」藥房老闆也很贊同這個名字。

在可口可樂誕生的那一年，潘博頓平均一天只能賣出九瓶。但是，歷經這麼多年下來，現在大約有一百五十幾個國家的人在喝可口可樂，平均每天可以喝掉三億九千三百萬瓶，是全世界最受歡迎的飲料之一。

不過，可樂雖然好喝，但因營養價值不高，而且含有大量的糖分，偶爾喝一杯消暑解渴還好，千萬不要當成開水一樣經常猛灌喔！

給小朋友的貼心話

小朋友，你喜歡哪些飲料呢？你瞭解它的成分嗎？

你一定知道飲料不能代替白開水；但是，你會因為喜歡喝，就常常喝進過量的飲料嗎？

本來當成藥用的可樂，喝多了有哪些壞處、或是還有哪些作用呢？不妨去查查看。

發現食物中的營養素——維他命

西元一八八九年，克里斯欽・艾克曼（Christian Eijkman）醫生任職於荷蘭屬地東印度群島的陸軍醫院。當時他正致力於研究一種稱爲腳氣病或「不能症」的疾病，它會造成肌肉無力、手腳麻痺，最後甚至導致死亡。許多人認爲這種疾病是由細菌傳染的，可是艾克曼卻對這樣的說法抱持懷疑；「從腳氣病人的皮膚、血液及各種分泌物中，都沒有發現引起這種疾病的細菌，它到底是怎麼引發的呢？真想不透！」

有一天，艾克曼從實驗室的窗戶向外望，看見庭院中的一群雞，正顛顛倒倒地從眼前走過。「這些雞可能生病了，我得提醒廚師千萬不能把牠們做成菜餚，以免大家吃了出問題。」當他準備轉身走向廚房時，突然念頭一轉：「牠們好像得了腳氣病；如果真的是這樣，我就有足夠的動物可以進行實驗。」

首先，艾克曼查出這些雞都是餵食病房的剩菜剩飯；所以他假設：細菌經由食物傳染給雞，使牠們也染上腳氣病。於是，他每天都向廚房要來一點剩菜剩飯，想檢查食物當中是不是隱藏了引起腳氣病的細菌。艾克曼用顯微鏡做了仔細的檢查，但沒有任何發現；他再解剖了死去的病雞，也沒有找到和腳氣病有關的細菌。

就在他的實驗面臨困難時，陸軍醫院換了一位院長。有一天，艾克曼陪同新院長巡視醫院，當他們來到飼養雞隻的庭院時，院長好奇地問道：「這些雞看起來似乎不太健康。」

「您說的沒錯，牠們患了腳氣病，是我的實驗對象。」艾克曼回答。

「都餵牠們吃什麼呢？」院長再問。

「都是病房剩下的飯菜，有時我也會請廚房煮一些白米飯來餵牠們。」院長聽艾克曼這麼一說，忍不住大聲喊道：「什麼？餵牠們吃白米飯，實在太浪費了！不行！以後餵牠們吃糙米飯就好了。」

糙米就是沒有完全去除糠皮的稻米，吃起來比較硬，但其實營養成分比白米高。可是，一般人都認爲白米好吃，所以當時白米的價格比糙米貴，通常只有富人才吃得起；醫院也會提供白米飯，讓病人吃得好一點。

「我是爲了實驗才讓雞吃白米飯的，」艾克曼極力解釋：「我懷疑牠們是因爲食物的關係得了腳氣病，必須要讓牠們吃和病患相同的食物，才能夠找出眞正的病因。如果我們能因此治好許多腳氣病患者，多一點實驗的花費，應該也不算浪費吧！」

「不行！除了剩下不要的飯菜及糙米飯，其他統統不准拿來餵雞！」院長鐵青著臉、斬釘截鐵地說道。

在院長的堅持下，艾克曼只好讓雞改吃糙米飯。原本以爲實驗將被迫結束，但沒想到結果有了變化：患有腳氣病的雞狀況似乎好轉，牠們逐漸恢復精神，走路不再搖搖晃晃，而且沒有一隻因爲腳氣病死去。

「難道……，這是因爲改吃糙米飯的關係嗎？」爲了獲得解答，艾克曼自掏腰包買了白米，讓一些雞吃白米飯、一些吃糙米飯。一段時間之後，吃白米飯的雞病況完全沒有改善，吃糙米飯的雞則大都恢復健康。經過這個實驗後，艾克曼終於發現：原來，白米飯所缺少的糠皮，含有防止腳氣病的成分。因此，他要求醫院裡的腳氣病患者全部改吃

糙米飯；過沒多久，大部分病人都痊癒了。

其實，引起腳氣病的原因是缺乏維生素B1，而糙米糠皮裡正好含有這種營養素；但艾克曼當時並不清楚，之後也沒有人再進行這方面的研究。直到一九〇六年，英國劍橋大學的霍普金斯（Frederick Hopkins）教授，證明許多食物中含有維持人體健康的成分；又再過了五年，賈西米爾・方克（Casimir Funk）教授將這些成分命名為「維他命」（Vitamin），或稱「維生素」。

這就是為什麼不能偏食的原因。不管是魚、肉、蛋、牛奶、

新鮮蔬果和糙米，每一種食物都含有不同的維生素；如果身體長期缺乏某種維生素，就容易引起某些疾病。所以，我們每天都

必須均衡攝取每一種食物的營養，才能遠離疾病，維持身體的健康。

給小朋友的貼心話

小朋友，許多醫學研究都證實：粗糙的食物對人體健康較有幫助；你知道為什麼嗎？除了白米之外，你所知道的精製食物還有哪些？

每種食物都有不同的營養：不偏食地攝取每一種營養，加上運動，才會頭好壯壯喔！

一雙沒有細菌的手——外科手套

我們很難有機會看見外科手術的情形，但大部分的人都知道，醫生在進行手術時都會戴上消毒手套。可是，在一百多年以前，第一個在手術台旁戴上手套的醫生，卻被大家譏笑。

西元一八八〇年，年輕的威廉．哈爾斯特德（William Steward Halsted）在歐洲完成了醫學課程回到美國。他深受英國李斯特醫生的觀念所影響，認爲讓病患的傷口碰到細菌，很容易感染發炎、甚至死亡；因此，傷口上的殺菌工作是很重要的。但大部分的美國外科醫生可不這麼認爲，他們覺得這是多此一舉，按照以前的方式開刀並沒有什麼不好。

雖然如此，哈爾斯特德仍然堅持自己的想法，在爲病人開刀時，一定都會做好殺菌的工作。就在他回國十年之後，殺菌的觀念終於普遍被大家接受；他當時已是約翰．霍普金斯大學的外科學教授及附設醫院外科主任，可以在課堂上將殺菌的觀念傳授給學生，並要求他們實際應用在外科手術上。

一八九〇年的某一天，哈爾斯特德從開刀房裡走出來，他剛完成了一個很困難的手術。這次手術非常成功，因此，他雖然有點疲憊，但心情很好。可是，當他到洗手間清洗雙手時，突然皺起眉頭，嘆了一口氣。

「哈爾斯特德醫生，這次手術很成功啊！您爲什麼要嘆氣呢？」助手不解地問道。

「這雙手讓我很困擾。」哈爾斯特德凝視著自己的雙手，「我不知道它有沒有傳染什麼細菌給病人；如果有的話，再怎麼仔細的手術都是失敗的。」

助手更迷惑了：

「可是，我看見您在手術之前清洗過雙手，

而且洗了很多遍，好像要磨掉一層皮似的。」

「我是很仔細地洗過了，但眞的都洗乾淨了嗎？你想想看，指甲縫裡可能隱藏了細菌，這些地方我卻刷洗不到。」哈爾斯特德繼續說道：「開刀房裡的每一樣東西，包括我們身上的手術衣、用的器械和紗布等，在進行手術之前都必須以高溫蒸氣消毒，可是我們的手卻沒有辦法這麼做。」

「對呀！那會把我們的手燙傷的。該怎麼辦呢？」助手莫可奈何地搖搖頭。

「除非……戴上消毒過的手套動手術！」哈爾斯特德突然靈光乍現。

「不可能呀！戴上手套，手指會變得很不靈活，怎麼幫病人開刀呢？」助手驚訝地說道。

哈爾斯特德陷入沉思：「如果能夠做出一種很薄的手套，也許就不會妨礙開刀了；問題是，要用什麼材料來做這種手套呢？」

哈爾斯特德不斷地思索這個問題。他將棉花、亞麻、絲綢等各種材料都考慮過了，可是沒有一樣適合；直到有一天，他突然想到橡膠。這種材料的彈性相當好，可以製成很薄的手套，而且還可以緊貼著皮膚，不會影響手指的觸感及靈活度。於是，他想辦法製造了一副橡膠手套，每次開刀前，都會將手套和其他器械一起用高溫蒸氣消毒，然後再戴著手套幫病人開刀。現在，他不再擔心自己的手不乾淨，會將細菌帶進病人的傷口了。

可是，他的舉動卻引來其他醫生異樣的眼光，他們覺得哈爾斯特德真是個怪人；不過，這一切都不會動搖哈爾斯特德的信心。幾年以後，這些本來不贊同哈爾斯特德作法的人，也都戴起

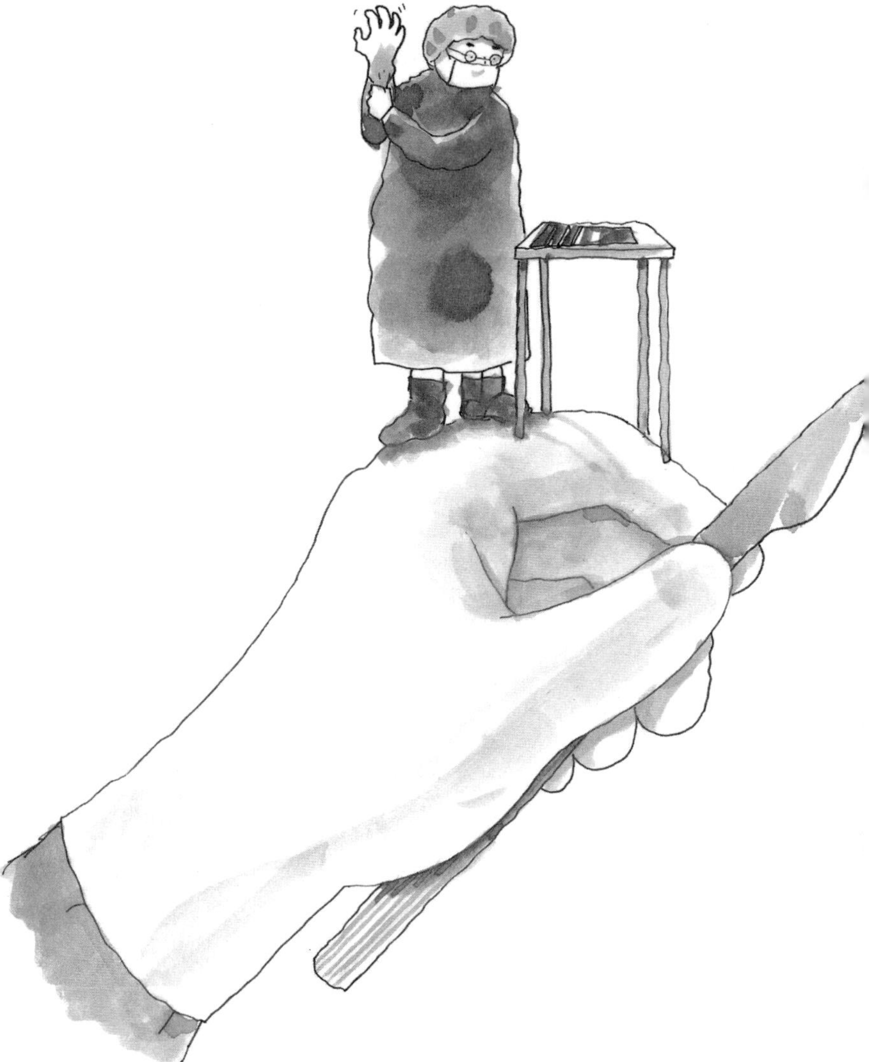

消毒過的橡膠手套開刀，成爲他的擁護者；更有醫生提倡動手術時要戴口罩，這麼一來，幾乎完全隔絕了病人感染細菌的危險。

就是這樣一雙又輕又薄的手套，使外科手術的成功率大爲提高。所以，我們不能看輕任何一個小小的發明；它雖然可能只是一個觀念的改變，但卻會爲人類社會帶來極大的進步。

給小朋友的貼心話

小朋友，真正的科學精神，是對一切未知或存疑的事物保持開放及研究的態度。想想看，對於你不知道或從來沒聽過的事情，你會馬上就相信或否定嗎？還是你會進一步地去瞭解它呢？

透視人體的神祕光線——X光

西元一八九五年十二月二十二日，德國烏茲堡大學（University of Wurzburg）物理系教授倫琴（Wilhelm Conrad Rontgen），拉著妻子安娜．路德維格（Anna Bertha Ludwig）的手，進入漆黑一片的實驗室中。

「怎麼不開燈啊？」倫琴夫人順手打開電燈的開關，看見各種器材、紙張、書本和筆記散落了整間實驗室。「我就知道，你又要叫我來幫你整理實驗室了。」倫琴夫人輕聲地抱怨著。

「這次不是喔！我要給妳看一樣東西。」倫琴拿出一個用黑紙包裹的管狀物，嘴角泛起神祕的微笑。

「這是什麼？」倫琴夫人將管狀物接過來，拿在手上端詳了許久，還是看不出個所以然來。

「這樣看當然沒什麼特別，因爲裡面只是一支被抽光空氣的密閉玻璃管。但是，如果把電通到管子裡，將會出現令你大吃一驚的畫面。」倫琴將一根電線接在管子上，再請妻子關燈；這時，倫琴手上的管子射出一束奇特的光線。「快！快看前面的銀幕！」

倫琴夫人抬起頭來，立刻被眼前的景象嚇呆了：掛在牆上的銀幕映著一副陰森森的手骨！「這……這是……」她驚訝得半天說不出話來。

「看不出來嗎？這是我的手骨啊！我把手放在管子和銀幕的中間，管子裡的光把手骨的影子投射在銀幕上。」倫琴興奮地說。

倫琴夫人抓起他的手，急得眼淚都流出來了。「這是什麼奇怪的光？你的手被燒壞了嗎？」

「我的手沒事。」倫琴向妻子解釋：「我在三個禮拜前做實驗時發現了這種光；它不能穿透金屬，

但可以穿過皮肉，將骨骼照射出來。我把這種光叫做『X射線』——『X』代表未知，表示它和我們眼睛平常所見的光不同。你想想看，如果醫生可以利用它看見病人的骨頭，或留在身體裡的炸彈碎片等異物，是不是能救人一命呢？」

「難怪你最近都很晚回家，原來是在做這個研究。」倫琴夫人恍然大悟，但又立刻皺起眉頭；「可是，被這種光線穿透，真的不會痛嗎？」

「一點感覺都沒有，不信你試試看！」在倫琴再三保證下，她半信半疑地將手放在管子與銀幕中間。「嘿！真的完全沒有感覺。太奇妙了！」倫琴夫人一面看著銀幕上的手骨影像，一面挪動自己的手；她發現，影像也會跟著移動。「我確定這是我的手；你看，無名指上還有我們的結婚戒指！」她高聲地喊著，似乎比倫琴還要興奮呢！

倫琴讓妻子的手暴露在X光射線下十五分鐘，拍了世界第一張X光照片後，便把他的發現及照片向外界公布。不久之後，這個驚人發現引起了世界的騷動，美國的發明大王愛迪生，及法國科學家居禮夫人，分別製造出X光機和X光車等醫療檢查設備，讓各地的醫院使用。

X光機的出現，同時也引起了許多人的好奇；不但有攝影師拿來拍攝前所未見的奇特照

片，甚至連百貨公司和賣鞋的商店，也都擺了一架X光機，讓顧客能透視自己的腳骨，以便招徠更多的生意。

不過，能夠穿透人體的X光射線，也讓許多婦女覺得很沒有安全感；因爲，不管她們穿多少衣服，都免不了在街上或商店中被人用X光射線看透。所以，當時X光射線又被叫做「不雅的怪光」。

那個時候，人們還不知道放射線對人體的傷害；即使後來有專家提出警告，大家還是不怎麼在意，所以才會出現這種濫用的情形。直到有些經常暴露在X光射線下的人，開始出現皮膚灼傷、毛髮脫落，甚至更嚴重的潰瘍情形之後，才不敢再隨便濫用。

那麼，如果爲了做身體檢查必須照X光射線怎麼辦？別擔心，一個人在一年之內的照射次數只要不超過五十次，就不會有健康上的顧慮了。

以前，X光機只能檢查骨折及身體裡面的異物；後來有人發現，讓病患吃下一種可以幫助顯影的藥劑，就能讓腸胃等內臟也清楚拍攝出來；也有人以X光攝影技術爲基礎，發明可以照出立體影像的「電腦斷層掃描」。一代代不斷累積的發現和發明，擴大了X光射線在醫學上的功能。當然，沒有人再叫它「不雅的怪光」了，「倫琴」（roentgen）也成爲計算X光照射量的單位。

給小朋友的貼心話

小朋友，你照過X光嗎？查查看，照射X光須注意哪些事項呢？照射過量，又會有怎樣的後果？

愛吃灰塵的怪物——吸塵器

英國人瑟西爾・布思（Cecil Booth）和一群朋友在倫敦的一家餐廳吃飯；一頓豐盛的美食下肚後，大家天南地北地聊了起來。

不過，布思對大夥的話題並不怎麼有興趣，他用手遮住嘴巴，偷偷地打了幾個呵欠；爲了避免在朋友面前失禮，他只好東張西望，看看有沒有什麼東西可以引起他的注意，把瞌睡蟲趕跑。突然，他瞥見旁邊的椅座上鋪了一塊手帕，竟無聊地用嘴將手帕吸起來。

「布思，你在玩什麼把戲呀？」朋友看見他的怪異舉動，好奇地問道。

布思一鬆口，嘴巴上的手帕掉了下來，同時一些灰塵也跟著落下。「哈哈，我的嘴巴可以吸灰塵呢！」

「真像打掃器；不過，你的打掃器是用『吸』的。」朋友打趣地說。

「對呀！我怎麼沒有想到呢？用吸入的方式清除灰塵，比用吹的效果應該更好吧？」平常從事橋梁建築和大型滑輪設計工作的布思，突然靈光一現。

當時是西元一九○一年，一般家庭用的吸塵器還沒有發明出來。最新型的一種打掃器，是利用手搖或腳踏的方式使風箱產生風力，將灰塵吹走；但其實灰塵還在，並沒有真正清除乾淨；而且，這種打掃器相當笨重，至少需要兩個人才能操作，通常只有大型工廠或公共場所才會使用。

布思在餐廳裡無意的一個舉動，引發他想改良打掃器的想法。他回家後立刻開始實驗，但不久便遇到困難。「吸入灰塵時，同時也會吸進大量的空氣；必須把這些空氣排出，否則機器會像吹脹的氣球一樣爆炸。」布思和他的一位朋友談起他最近的實驗。

「將空氣排出並不難，麻煩的是怎麼將空氣中的灰塵留下；否則，吸入的灰塵再隨著空氣一起排出，根本沒有辦法達到清潔的效果呀！」朋友說道。

布思想起那天和朋友在餐廳吃飯，他用嘴巴吸起手帕的情景：椅座上的灰塵連同手帕被吸起，但不會穿透手帕而和空氣一起進入嘴裡。

「啊！我知道了，加一層可以過濾灰塵的網布，問題不就解決了嗎？」布思恍然大悟。他立刻動手實驗，沒有多久就克服了過濾灰塵的難題，設計出世界第一台吸塵器。

但是，布思發明的吸塵器體積仍然很大，使用時必須用馬車

載運，再將一根豎立起來約有七、八層樓高的管子，伸進要打掃的地方，非常不方便；因此，吸塵器一直不能進入一般家庭，成為清掃居家環境的好幫手。直到六年後，美國俄亥俄州出現一位發明家斯班格勒（James Spangler），情況才有了改變。

斯班格勒在一家商店當守衛，每天還要負責打掃環境；但他患有氣喘疾病，清掃時所揚起的灰塵，使他的病情更加惡化。

「斯班格勒，你要不要休息一段時間，把身體養好了再回來工作？」商店老闆看他整天抱病工作，實在很不忍心。

「老闆，我沒事；這是老毛病了，過幾天就好。」斯班格勒也知道自己的氣喘毛病越來越嚴重，是真的得好好休息一陣子；可是，他的經濟狀況不好，如果少了這份收入，恐怕連日子都沒有辦法過下去。「要是能夠發明出一台輕便的吸塵器，問題就解決了。」他無可奈何地嘆了一口氣。

其實，斯班格勒是一位很有創意的發明家；可是，接連幾次的發明失敗，使投入的大筆金錢無法回收。但他沒有因此中斷研究發明，每次一有想法，一定盡力嘗試，即使失敗也不氣餒。

這次也是一樣；斯班格勒在工作以外的時間，找出他所能想到的各種零件和材料，經過不斷地失敗及嘗試，終於做出了一台小型的吸塵器。他把這台新發明的吸塵器帶到上班的地方，不但使打掃工作變得輕鬆，一段時間之後，他的氣喘毛病也日漸好轉。後來，他把小型吸塵器的專利賣給一位做皮革的商人，開始大量製造，使他的經濟情況也獲得改善。

斯班格勒所發明的吸塵器和現在的新型吸塵器相比，雖然顯得非常簡陋，操作起來也不方便；但由於他的發明，使後來的人可以根據他的基礎加以改良，才有了今天方便好用的設計。此外，更出現了不需人工操作、可以自動記憶及打掃的機器人吸塵器，成為名副其實的家庭好幫手。

給小朋友的貼心話

小朋友，你會隨時留意身邊任何需要改善的現象嗎？仔細思考這些現象，說不定會成為發明的靈感喔！

把酷熱變清涼的魔術機——冷氣機

「快快！大家讓一讓！」一群醫護人員抬著擔架，穿過滿是人潮的醫院走道，朝病房快速急走。擔架上躺的是美國總統加菲爾德（James A. Garfield），他在華盛頓車站遇刺，傷勢非常嚴重；經醫生的緊急診斷，認爲總統必須儘快接受手術治療，否則會有生命危險。可是，他們無法立刻幫總統開刀，因爲天氣實在太熱了！

「氣溫這麼高，如果貿然進行手術，恐怕會有危險。」醫生一面用手帕擦汗，一面憂心忡忡地說道。當時是西元一八八一年七月，正值盛夏，氣溫高達攝氏三十七度，醫院裡悶熱不堪，連健康的人都受不了，更何況是身體虛弱的傷者。

「把冰塊放在電風扇前面來降溫吧！」一位助手提出建議。在冷氣機還沒有發明出來的十九世紀，人們通常都是利用這種克難的方法，用電風扇吹散冰塊所產生的冷空氣來降溫。

「可是現在是夏天，到哪裡去找那麼多冰塊呢？」醫生搖搖頭，莫可奈何地說道：「我們需要一位發明家，他必須在幾天之內就想出解決的辦法。」

「只有幾天而已，這太難了！」助手忍不住驚呼。

「沒辦法，總統的傷勢太重，我得把這個情況告訴政府單位，請他們儘快找人設計降溫的機器。」聽了醫生的建議後，政府單位想到曾經在煤礦公司上班的工程師謝多，便把這個緊急且重要的任務交給他。

煤礦公司就是開採煤礦的工廠；在開礦的地方，有許多人工挖鑿的地下坑道，礦工便在這些坑道裡工作。但由於坑道裡的瓦斯氣體濃度很高，爲了避免人體吸入產生危險，因此必須將空氣稀釋，才能降低瓦斯的濃度，確保礦工的生命安全。

謝多任職於煤礦公司時，主要的工作就是研究如何降低瓦斯濃度；所以當他接下政府委託的艱難任務時，直接就往改變空氣濃度的方面聯想。「我記得在以前進行的實驗中，壓縮空氣時可以釋放出熱能；那麼，如果將過程反過來，把壓縮的空氣恢復到原來的狀態，是不是就會吸收熱能、使溫度降低呢？」

謝多立刻動手實驗，證明了他的想法果然沒錯；沒過多久，就製造出一台空氣壓縮機。他把這台機器裝在總統的病房裡；當機器開始啓動，周圍的人都非常緊張，因爲他們很難相信，在這麼短的時間裡，謝多就能把酷熱的夏天變成涼爽的秋天。

過了一會兒，有人感覺病房裡的溫度稍稍降低。「是眞的！溫度眞的降低了！」一名醫護人員輕聲說道；要不是因爲怕驚擾到受傷的總統，他可能會大聲歡呼。

「我也感覺到了，沒錯！溫度眞的降低了。」又有一個人輕聲地喊著。

隨著這台空氣壓縮機的運轉，病房內越來越涼爽，原本還在擦汗的人紛紛收起了手帕。有人測量病房內的溫度，發現氣溫竟然下降了攝氏十二度！負責手術的外科醫生毫不遲疑地說：

「快！現在可以準備幫總統動手術了。」

在涼爽的病房裡，手術進行得非常成功；再經過幾天的療養，總統很快就恢復了健康。而謝多發明的空氣壓縮機，雖然當時不是很普及，但過了二十一年後，卻成爲美國發明家威利斯·開利（Willis Haviland Carrier）創造冷氣機的基礎。

西元一九〇二年的某一天，一家印刷廠的老闆求助於開利。

「開利先生，最近天氣變化太大，容易使紙張收縮，害我無法控制印刷的品質，常常被退貨。有沒有什麼辦法可以解決這個問題呢？」

「這是空氣中含有的水氣較多、濕氣較重的關係，的確讓人困擾。我得想一想……」其實，開利聽完印刷廠老闆的話以後，馬上想到了謝多的發明；但他沒有把握空氣壓縮機是不是能解決問題，所以沒有說出來。

有一天，開利在火車站等候火車；當時氣溫在攝氏零度以下，四周籠罩著濃霧，而且每個人呼出的氣體都是白色的，就連眼鏡上的鏡片都布滿了細小水珠。

「對了！水珠！」開利突然從椅子上跳了起來。「起霧是因爲熱空氣碰到冷空氣而凝結成水氣的現象；我只要利用相同的原理，將空氣中的水分『抓』起來，就能使空氣保持乾燥了！」

後來，開利製造了一台冷氣機，這台機器裡裝有空氣壓縮機，以及充滿冷水的線圈；當室內的熱空氣被抽進機器、遇到較冷的線圈時，會凝結成水氣附著在上面，然後再將這些「抓」進

COOL
COOL
COOL
COOL
COOL

來的水排出機器外，就能保持室內的涼爽舒適。開利的發明不僅解決了印刷廠老闆的問題，而且因爲開始大量生產製造，使冷氣機越來越普遍，他也因此獲得「冷氣機之父」的稱譽。

給小朋友的貼心話

小朋友，冷氣機是個很「酷」的發明吧！可是，你知道冷氣機的用電量很大，而且所使用的冷媒會破壞臭氧層嗎？

當你在享受清涼的冷氣時，你會向爸爸、媽媽建議採取哪些節約用電的方法？

實現人類飛翔的夢想——飛機

「威爾伯，你看！」西元一八九六年，家住美國俄亥俄州代頓的奧維爾·萊特（Orville Wright），氣喘噓噓地跑到他和哥哥威爾伯·萊特（Wilbur Wright）開設的自行車店，將一張報紙遞給他看。

「德國有一位叫里林塔爾的人，在試驗飛行時摔落地面，不幸死亡。」奧維爾指著其中一篇報導說。如果是一般人，看到這樣不幸的消息，可能會產生畏懼或警惕；可是，這對兄弟的反應卻和大多數人不同。

「太令人遺憾了！奧維爾，你記得嗎？飛行是我們從小的夢想，我們是不是應該從事這方面的研究，讓這些為了完成人類飛行夢想而失去生命的人，不會白白犧牲？」威爾伯看完報導後說。

「我也是這麼想。雖然飛行的夢想很難實現，但只要努力就有收穫；那些不幸喪生的人，他們所留下來的實驗結果，也可以做爲我們的參考。」奧維爾也很認同哥哥的想法。

於是，萊特兄弟開始積極地大量蒐集資料，只要是和飛行有關的訊息一點也不放過；他們還觀察老鷹在天空中飛翔的姿態，在紙上畫下飛行的動作，並將自行車店的收入全部用來購買各種零件及器材。

四年後的一個秋天，他們自製了一架滑翔機，並將它帶到偏遠的海邊；這裡沒有建築物，周圍一片空曠，是進行飛行實驗的好地方。

他們花了一個禮拜的時間，把滑翔機裝好，並繫上一條繩索。「好了，準備將我們的大風箏升到空中吧！」兄弟倆興致

勃勃地等著看他們的研究成果。

海邊的風很大，讓他們的滑翔機輕飄飄地飛升到空中。「現在我要坐在滑翔機上面，幫我計算高度和時間。」威爾伯說。

首次嘗試飛行的威爾伯，雖然成功起飛，但滑翔機的高度只有一公尺左右。「這樣不行，我們得再想辦法改進，讓它飛得又高又遠。」奧維爾說。

雖然他們對於這次的實驗結果不太滿意，但沒有失去信心。

第二年秋天，他們又帶著一架改良過的滑翔機，來到同一個海邊。威爾伯再次坐上了滑翔機，利用風力起飛；這次順利升到一百八十公尺的空中，大約等於五、六十層樓的樓房那麼高呢！

「這樣還是不夠。有沒有什麼方法可以不用風力就能飛行？」兄弟倆在這次實驗之後，開始不斷地思索。

有一天，一輛汽車開到他們的自行車行前突然拋錨；司機下車向他們借了一些工具，將汽車的發動機拆下來檢查。萊特兄弟看到這種情況，突然心生一計：「對呀！我們可以在滑翔機上裝一個發動機，不用等到有風的時候就能飛了。」

他們請一位工程師幫忙製造一個比較輕的發動機，裝置在他們的滑翔機上。經過無數次的實驗，最後萊特兄弟利用發動機帶動一個螺旋槳，再由螺旋槳產生的動力，使滑翔機飛行。

不過，他們還是失敗了，不是螺旋槳卡住，就是發動機出了問題。差不多同時，美國有一位名叫蘭萊的發明家，在試飛他的滑翔機時，不幸墜落喪生。萊特兄弟除了感嘆又有一位發明家犧牲，更針對他的設計進行一番研究及討論，以做爲改善滑翔機的參考。

西元一九〇三年十二月十四日，萊特兄弟再度來到海邊。這次，他們在一個斜坡上鋪設鐵軌，想讓滑翔機順著有坡度的鐵軌起飛。他們用擲銅板的方式，決定由威爾伯駕駛。但這次只飛了不到四分鐘，滑翔機便失去動力、墜落地面。

「怎麼樣？有沒有受傷？」奧維爾急忙跑到墜落的地方，心急如焚地問道。

「我沒事。趕快檢查一下機身有沒有受損？」威爾伯從駕駛座爬了出來，和奧維爾一起仔細檢查了一遍，幸好機身沒有太大的損壞。他們檢討這次的失敗原因，認爲鐵軌應該鋪在平地上，讓滑翔機從平面起飛。他們又花了三天的時間，將鐵軌重新鋪好，準備再次試飛。

萊特兄弟信心滿滿，他們找了許多附近的農民前來觀看；大家都睜大眼睛，想看清楚這對兄弟究竟在變什麼把戲。這次換奧維爾駕駛；在大家的期盼下，他不僅順利升空，並且飛行了三十公尺的距離，然後穩穩地降落地面。

「我們成功了！我們成功了！」威爾伯忍不住激動的情緒，飛

也似地衝上前去擁抱奧維爾；在一旁觀看的農民也都難掩興奮的心情，高興得手舞足蹈，紛紛向他們道賀。過了一會兒，他們再度試飛，這次飛行的距離更長、時間也更久。這對經過無數次失敗的兄弟，終於創下了世界第一次成功的飛行紀錄。

後來，萊特兄弟又發明可以同時搭載兩人的滑翔機，並在西元一九〇八年九月十日進行試飛；這次他們飛行了七十六公尺，時間長達一小時又十四分鐘。這眞是一個值得慶賀的日子；因爲，從這一天開始，人類的交通網路終於跨越到天空，翱翔天際再也不是夢想了。

給小朋友的貼心話

從古希臘時代，飛行就一直是人類的夢想，連達文西也設計過飛行器；甚至在萊特兄弟之前，已經有人試飛成功了，你知道他是誰嗎？

經過這麼多人前仆後繼地努力，終於實現了飛行的偉大夢想，甚至飛到了外太空。

小朋友，當你失敗時，不妨想想這個故事，或許就能產生再出發的動力喔！

裝在餅乾杯裡的冰淇淋——甜筒冰淇淋

西元一九〇四年夏天的某一天，在美國密蘇里州聖路易市舉辦的一場博覽會，吸引了許多人前來參觀。展覽會場裡人潮洶湧，場外也排滿了許多小攤販，生意非常好。

在一個賣冰淇淋的攤子前，圍滿了等著買冰的顧客；大家都受不了這酷夏的高溫，想吃個冰消消暑氣。

「老闆，我要草莓口味的！」「我要巧克力。」「來兩份牛奶口味的！」「我要一個草莓加牛奶。」

「好、好，一個一個來，不要擠！」小販阿諾（Arnold Fornachou）用挖杓將冰淇淋放在紙盤上，遞給顧客。他沒想到今天的生意會這麼好，到了中午，就把帶來的紙盤全都用完了。

「怎麼辦？紙盤不夠用，下午的生意沒辦法做了。要回家拿嗎？來回一趟得花好幾個小時；等我回來，博覽會大概已經結束了。」他看著剩下的半桶冰，心裡非常懊惱。

「老闆，我要買的冰還沒給我呢！」在攤子前等待的顧客，看見阿諾挖冰淇淋的動作突然停止，忍不住催促他。

阿諾感到很抱歉：「對不起，紙盤用完了，沒辦法賣冰淇淋給你。」

「等了那麼久還是沒買到，眞掃興！」沒買到冰淇淋的顧客發了一陣牢騷，悻悻然地走開。其他人看見這種情況，也紛紛散去，光顧別的攤位。

眼看上門的顧客都走光了，阿諾沮喪地收拾東西，打算回家。

「嘿、嘿！我突然想到一個好點子。」在旁邊擺攤賣鬆餅的小販漢威（Ernest Hamwi），將一杓金黃香濃的糖漿，淋在剛烤好的鬆餅上，遞給阿諾。

阿諾咬了一口鬆餅。「很好吃！對了，你剛才說有什麼好點子啊？」

「你看我的鬆餅像不像一個盤子？」漢威問道。

「滿像的……咦？我怎麼沒想到呢？可以用鬆餅當盤子，這樣問題不就解決了嗎？」阿諾高興地說：「謝謝你告訴我這麼棒的點子！」

「別客氣，如果你的冰淇淋賣得好，我的鬆餅生意也會變好呀！」漢威爽朗地笑道。

他馬上挖了兩杓冰淇淋在鬆餅上；但因爲鬆餅還是熱的，冰淇淋很快就溶化了。漢威再遞給他一個鬆餅，這次阿諾沒有立刻放冰淇淋，而是將鬆餅捲成筒狀。漢威好奇地問道：「爲什麼要把鬆餅捲起來？這樣會比較好吃嗎？」

「會不會比較好吃倒不一定；但我想，捲成筒狀應該比較好拿吧？」他等鬆餅涼了變硬之後，再將冰淇淋一杓一杓地裝進去。「看起來不錯。這種冰淇淋可以直接拿在手上吃，也省了使用湯匙的麻煩。」

阿諾請漢威烤了許多鬆餅，再照他的方法做成餅乾杯，然後便對來往的路人大聲喊著：「加了餅乾杯的冰淇淋，新奇又好吃！」

許多人聽見阿諾的吆喝，都跑來嘗鮮；還有人是因爲看見別人拿著這種冰淇淋在吃，覺得很新鮮，也跑來買一個吃吃看。過沒多久，剩下的半桶冰淇淋就全部賣完了。

由於結合了鬆餅的冰淇淋在博覽會場外大受歡迎，阿諾後來便不再使用紙盤盛裝，而是改賣這種臨機應變所想出來的冰淇淋。之後有許多攤販開始模仿他，於是漸漸形成風潮，向世界各地蔓延開來。

這就是甜筒冰淇淋（或稱蛋捲冰淇淋）的由來；也有人傳說，這是冰淇淋小販自己想出來的點子，或他的女朋友幫忙解圍的。無論如何，甜筒冰淇淋結合了冰品的清涼與餅乾的香脆，直到今天仍然受到大家的喜愛，這一點誰也不能否認。不過，如果你不想成爲一個小胖子，可千萬別吃太多喔！

給小朋友的貼心話

「三個臭皮匠，勝過一個諸葛亮。」小朋友，遇到問題時，和朋友一起討論，集思廣益，可以想出更多好點子喔！

留住新鮮和美味——冷凍食品

「伯茲愛（Clarence Birdseye），下個月有一個到加拿大拉布拉托做生物考察的機會，你要不要去？」一位任職於美國公家機關的科學家，向他的同事伯茲愛問道。

「那裡不是北極嗎？太好了，什麼時候出發？」伯茲愛也是一名科學家，對自然界的各種現象都相當感興趣。他曾去過許多地方考察，但卻從來沒到過冰天雪地的北極；現在有這麼一個大好機會就擺在眼前，他當然不會錯過。

不久之後，伯茲愛就來到了北極。在一次野外考察的機會中，看見有人在結冰的地面上鑿洞，然後拿出一根釣魚竿，將釣鉤垂直伸入洞中。「先生，請問您在做什麼？」伯茲愛好奇地上前詢問。

「我在釣魚呀！」話一說完，他馬上從洞中釣出一隻活蹦亂跳的魚兒，並從釣鉤上取下，放進身邊的桶子裡，然後繼續釣魚。

伯茲愛覺得十分有趣；雖然他以前曾經聽說這種寒帶地區的釣魚法，但卻從來沒有親眼見過。他蹲在旁邊看了一會兒，突然發現放在桶子裡的魚，已經凍成硬邦邦的冰塊了。

「這裡的氣溫實在太低，剛剛釣起來的魚馬上凍結；雖然只要再解凍就可以吃，可是已經不新鮮了，一定不好吃。」伯茲愛覺得，住在這裡的人眞是不幸；因爲天氣太冷，他們既沒辦法種植蔬菜水果，也沒辦法吃到新鮮的肉類。

「才不呢！我們這裡的魚既新鮮又好吃。不信的話，我馬上回去煮給你吃。」伯茲愛跟著這名釣魚的先生回到家中，他立刻煮了一鍋開水，等水沸騰之後，再把凍成冰塊的魚放進鍋裡煮。過了一會兒，魚煮熟了，伯茲愛用刀切了一小塊來吃，他發現魚肉非常新鮮。

「怎麼樣？我說得沒錯吧？」釣魚先生問道。

「嗯，眞的很新鮮、很好吃。」伯茲愛邊吃邊說：「以前有一位英國作家及哲學家弗蘭西斯・培根（Francis Bacon），爲了延長雞肉的保存時間，冒著風雪外出，將雪塞進一隻雞的肚子裡；他也因此受了風寒，生了重病。很多人都知道極度的寒冷可以防止肉類變壞，但解凍後的食物並不好吃；不過，你的冷凍魚卻不會。」

釣魚先生又拿出一條結成冰塊的魚問他：「這條魚是好幾個月前釣來的，要不要嘗嘗看？」

「已經冰了好幾個月，還會好吃嗎？」伯茲愛雖然心存懷疑，但本著科學家的探究精神，還是請釣魚先生煮給他吃。結果出乎意料之外，這條已經冷凍好幾個月的魚，就和剛釣上岸的魚一樣新鮮好吃。

「爲什麼在這裡被凍成冰塊的魚，過了那麼久仍然能保持新鮮；可是我在家裡用冷凍庫冰存的食物，就會變得不好吃呢？」

聰明的伯茲愛，馬上聯想到可能是急速冷凍的關係。

他回到美國後立刻開始實驗：將一塊新鮮的肉包裝好，放在兩片冷凍板之間，利用攝氏零下二十五到四十五度的低溫，讓這塊肉在九十分鐘內完全冷凍，然後再解凍料理；試驗結果，這塊肉仍然新鮮好吃。他再用各種新鮮的蔬果來實驗，結果只需要三十分鐘就能結凍，而且新鮮美味一點都不會流失。

原來，食物在冷凍的過程中，細胞的組織會被破壞，所以冰凍的時間越久，就會變得不新鮮、口感也不好；但如果縮短冷凍的時間，讓食物快速結凍，就能降低細胞被破壞的程度，保持冷凍前的新鮮和美味了。

腦筋動得很快的伯茲愛，利用他發明出來的急速冷凍設備和冷凍運輸車，在西元一九二四年成立了一家專門生產冷凍食品的公司。一開始，大家對於他的產品感到很新奇，可是想買回家的人不多；根據銷售人員的統計，要說服顧客買一包冷凍青豆，大約得花五分鐘的時間。

直到四、五十年前，家用冰箱越來越普及，人們的烹調方式

改變，冷凍食品也跟著大受歡迎。之後更出現了麵包、披薩、義大利麵、餅乾等食物的冷凍半成品，只要直接放進烤箱或微波

爐熱一下，馬上就可以吃到香噴噴的美食了，既方便又快速。因此，冷凍食品還被譽為是二十世紀最偉大的發明之一呢！

給小朋友的貼心話

小朋友，你吃過冷凍食品嗎？味道如何？有了方便的冷凍食品，當爸媽不在家時，你也可以試著下廚呢！但是，要記得先跟媽媽學習簡單的烹調方法和用火安全喔！

從空中流行到地面——原子筆

「眞氣人！」西元一九三五年，在匈牙利一家小型報社擔任編輯的畢羅（Laszlo Biro），正在用鋼筆趕稿；可是，鋼筆的筆尖不但刮破紙張，還在紙上留下一大塊墨漬，令他相當懊惱。

最後，畢羅終於完成了稿子；可是，紙上的斑斑墨漬，讓他的主管看了也不禁搖頭。「畢羅，你是不是該換支筆了？」

「這支鋼筆還是新的耶！」他檢查了一下自己的鋼筆；筆好好的，沒有什麼問題。他心裡想：「難道沒有更好用的筆嗎？每次趕稿子必須快速書寫時，就覺得鋼筆很不方便；不但容易將紙張刮破、弄髒，還要花時間裝填墨水，眞的很浪費時間。」

於是，畢羅開始認眞地想著如何發明一支寫起來滑順、不用經常裝填墨水的筆。他試了很多方法；他發現，要製造這樣一支筆眞不容易，便跑去找他的兄弟喬格（Georg Biro）協助。

「如果鋼筆的筆尖是圓的，就不會刮傷紙面，但墨水會漏不出來。」畢羅說出他可能遇到的困難。

「或許可以設計成會滾動的圓珠形筆尖，這樣問題就解決了。不過，要在那麼小的筆尖裝上會滾動的圓

珠，實在不太容易。」喬格說。

「對呀！我怎麼沒想到呢？如果筆尖上的圓珠可以滾動，就能引導墨水流出，而且寫起來也比較順暢。謝謝你的提醒。」畢羅回去之後又嘗試了許多實驗。他將一個金屬小球裝在筆尖，然後又在墨水管裡填入墨汁，最後將筆管封起來。

完成之後，他迫不及待地立刻試寫，可惜結果並不怎麼理想。墨水流出得很不均勻，有時太多，會在紙上留下墨漬；有時又太少，根本寫不出字來。而且，和鋼筆一樣，必須將筆直直地拿著，藉由地心引力的作用，墨水才能往下流到筆尖上的小圓珠。「這樣的筆比鋼筆還糟糕！」畢羅嘆了一口氣。

他帶著這支失敗的筆去找喬格，並在紙上寫了幾個字。喬格看著斷斷續續的字跡說：「會不會是因爲筆尖上的金屬球太光滑，滾動得太快，所以不容易控制墨水流出的量？」

畢羅點點頭說道：「我也是這麼想。就換一個粗糙的金屬球試試看吧！」

這次試驗的結果非常成功；不僅書寫順暢，墨水流出的量也比較均勻，而且就算斜著拿也可以寫。

「總算成功了！」畢羅相當高興，因爲他終於製造出一支他所想要的筆。

後來畢羅將這種新型的圓珠筆大量生產製造，推出市面販賣，但買的人不多，原因是太昂貴了；還有許多人認爲，用這種筆寫字一定會把紙弄髒，所以大家都興趣缺缺。

直到二次世界大戰期間，空軍飛行員必須帶筆一起飛上高空，方便隨時記錄一些資料時，才發現圓珠筆的好處。

「眞是太妙了！以前怎麼都沒發現？」飛行員在飛行中的飛機裡，不需要直直地拿著筆，就能很順暢地寫出字來；更棒的是，也不用帶著瓶瓶罐罐的墨水。不知道誰是第一個發現圓珠筆妙用的飛行員，反正後來一傳十、十傳百，沒有多久，圓珠筆就成爲飛行員主要的空中書寫用筆了。

在空中流行了好一陣子，關於圓珠筆的神奇妙處，也很迅速地被大眾知道。有一位腦筋動得很快的美國商人米爾頓・雷諾（Milton Reynolds），認爲圓珠筆一定會取代人們用鋼筆書寫的習

慣，便在西元一九四五年重新製造上市，並從原子彈得到靈感，將這種筆取名爲「原子筆」。當時的原子筆仍然很貴，但大家覺得很新奇，因此還是造成了搶購的熱潮，短短一天之內，就可以賣掉一萬支呢！

可是，早年的原子筆因爲墨水較稀，也容易擴散，仍然免不了會有漏墨的現象。一九四九年，一位名叫弗朗．西奇（Fran Seech）的化學家，發明出一種快乾、流動均勻、不會擴散的墨水之後，原子筆的銷路又更好了。現在，原子筆已經成爲最普遍的書寫工具；而且價格也很便宜，人人都買得起。

給小朋友的貼心話

小朋友，在你的生活當中，有沒有不好用的物品呢？你有沒有什麼妙點子可以改善它呢？不妨試著動動腦、動動手吧！

把食物變熟的「雷達機」——微波爐

西元一九四六年，在一家專門為英國軍方生產雷達設備的公司裡，工程師史賓塞（Percy LaBaron Spencer）忽然覺得肚子餓；他想到口袋裡有一條巧克力棒，便伸手進去拿。

「唉呀！怎麼會這樣呢？」口袋裡的巧克力棒化成一灘黏糊糊的汁液，沾得滿手都是。

「是不是因爲溫度太高？」一位同事說道。

「現在的室內溫度並不高；而且，就算把巧克力棒放到大太陽底下曬，也不致於溶化成這樣。」史賓塞把手上的巧克力糊洗掉，「一定是其他原因造成的。」他把身邊的每一樣物品都過濾了一遍，覺得應該是雷達磁控管的問題。

磁控管是一種可以發射微波的機器，最初應用在雷達上，可以很有效率地偵測出敵機位置；二次世界大戰時，英國便是利用它戰勝德國。

史賓塞把想法告訴他的同事：「我懷疑這個現象和磁控管有關，但還是得先做個實驗證明一下。」

他把一包還未爆開的玉米粒放在磁控管旁邊；一會兒之後，玉米粒就發出乒乒乓乓的聲音。「太奇妙了！眞的是磁控管在作怪。」

那包玉米粒所發出的聲音越來越急促，然後逐漸變得緩慢；等聲音完全停止之後，史賓塞打開包裝袋，發現裡面黃澄澄的玉米粒，全都成了一顆顆綻開的爆米花。「我們有爆米花可以吃了！」史賓塞興奮地說。

他的同事拿出一顆生雞蛋，「要不要用這個試試看？」

「哦！萬一它像玉米粒那樣炸開可就不好了。」於是他拿出一個茶壺，在一側挖了一個洞，將生雞蛋放在裡面，然後靠近磁控管。不一會兒功夫，生雞蛋發出「碰」的一聲，眞的爆炸了！碎裂的蛋花不僅沾滿了整個茶壺的內壁，也飛濺到四周的桌面和地上。

「哇！炸蛋！」史賓塞和一旁觀看的同事往後退了好幾步，他們又驚又喜；沒想到，平常用來做爲軍事用途的雷達磁控管，竟然可以把食物變熟。

發現這個奇妙的現象以後，史賓塞又進行了更多的實驗。他發現，原來是磁控管射出的微波，可以讓食物中的水分子振動，因此產生熱能，把食物「煮」熟；但如果是不含水分的紙、塑膠和玻璃等物品，就不會受到影響。

「應該可以用它製造一台食物調理機吧！」史賓塞腦筋動得很快，而且還把構想告訴了公司的老闆，並親自實驗給他看。

「太有趣了！多虧你想得到。如果我們眞的能夠推出這樣的食物調理機，不但可以縮短烹調的時間，也可以減少油煙。」老闆也覺得這是個不錯的點子。

隨後他們立即著手研究；其中遇到了種種困難，但都儘量想辦法克服。在經過七年的研究之後，終於推出了世界第一台微波爐。

這台前所未見的食物調理機，才一上市就引起許多人的好奇；可是，當時的磁控管很龐大，所以這台機器也大得驚人，高度約一百七十公分，重量達三百四十公斤，一般家庭的廚房根本擺不下。而且它非常昂貴，一台就要十幾萬台幣，這在五十幾年前的當時社會，是一筆相當大的金額，只有大型的餐廳和旅館，因爲每天都要烹煮大量的食物，才會特別添購。

過了二十年，當科學家製造出構造簡單、體積也比較小的磁控管後，微波爐才跟著縮小到一台舊

式的電視機那麼大；價格也不再貴得嚇人，幾乎每個家庭都買得起。

微波爐雖然方便好用，但是，使用微波爐時要小心謹慎。除了要防止微波外洩，也不能將金屬器物、帶殼的生雞蛋和密封包裝的食物放進微波爐加熱，才不會發生危險喔！此外，要注意加熱時間，免得將東西燒焦囉！

給小朋友的貼心話

小朋友，你有沒有用過微波爐呢？你知道使用時有哪些安全守則？你知道微波爐為什麼能快速加熱嗎？金屬器物放進微波爐加熱，會產生什麼現象呢？為什麼？

鬼針草的靈感——魔鬼沾

西元一九四八年，瑞士工程師喬治・邁斯楚（George de Mestral）利用難得的休假日，到阿爾卑斯山區渡假。

「空氣眞好，眞希望多待幾天再下山。」邁斯楚深吸了一口新鮮空氣說。

「對呀！我甚至想住在這裡，乾脆不回去了。」和他一起來爬山的朋友也這麼說。

邁斯楚微笑地回答：「我們的工作實在太忙碌，能有幾天的假期來阿爾卑斯山已經很難得了，該滿足囉！」

話才剛說完，一個小男孩從他們身邊經過；他一面用手在衣服上不停地拔著，嘴裡還不斷地抱怨：「黏得滿身都是，眞討厭！」

「小朋友，你在做什麼呀？」邁斯楚好奇地問。

「就是這種會黏衣服的草啦！每次到郊外都會被黏到。」小男孩嘟著嘴，不高興地拔著衣服上的針刺。

「這是鬼針草的種子，一定是你剛才鑽進草叢啦！」邁斯楚說完，也低頭檢查自己的衣服，看看身上是不是也有被黏到。

「唉呀！眞的有耶！」他發現夾克上黏著許多鬼針草的針刺。當他把夾克脫下，一根一根地把針刺拔開時，他的朋友也發現褲管底下黏了許多刺。

「這些小東西還眞頑固。」他的朋友一面低下頭來檢查褲管，一面說道。

「你不覺得它很神奇嗎？爲了讓種子能到遠處落地發芽，一株小小的草竟然發展出這種傳播方式。」邁斯楚拿著一根鬼針草的針刺仔細端詳。

他的朋友也有同感：「就是說嘛！我們都在幫這些小草散播種子呢！」

「這當中大有學問，我要好好研究一下。」邁斯楚刻意留了幾根針刺在衣服上，回家之後用顯微鏡觀察。他發現，其實鬼針草針刺黏住衣服的原理很簡單，就是它的末梢有鉤子狀的構造，在碰到動物的毛或衣服上的纖維時，就會勾住。

「沒想到它的構造簡單，卻能黏得那麼緊；而且，就算用力拔起，鉤子也不會壞掉，還能再黏住有毛髮或纖維的東西。真是太令人佩服了！」擔任工程師的邁斯楚，平常接觸的是非常精密的工程；看到鬼針草簡單、卻有效率的設計，也忍不住讚歎起來。

不過，當時他並沒有想到可以利用鬼針草針刺的特性來做些什麼；倒是去郊外踏青時，不再那麼討厭衣服上黏了鬼針草的針刺。

有一天，他穿著球鞋外出慢跑；跑到一半，鞋帶鬆脫了。他蹲下身來準備將鞋帶繫好時，突然有了靈感：「如果能在球鞋縫上像鬼針草針刺的構造，是不是連鞋帶都可以不要，就能將鞋子扣得很緊？」

回家之後，他開始想辦法模仿鬼針草的構造製作一種暗扣。「我想，應該要設計兩種布，一種表面有許多小鉤子，另一種有許多直立起來的小圓圈；將這兩種布的表面互相貼在一起，應該就可以黏得很牢了。」

　　邁斯楚原以爲這應該是一件很容易的事；但不久之後，他馬上就遇到了困難，因爲沒有人做得出這種布。他只好自己嘗試。

「眞正去做了之

後才知道困難，尤其我對布的織造又是一竅不通。」邁斯楚嘆氣說。但他沒有因此放棄，只要一有空閒，就想著如何製作暗扣。

這一做就是八年，直到他遇見了一位法國的織造工人。

「我一直想要設計一種布，可是沒有人做得出來，包括我自己也是。」邁斯楚向這位織造工說。

「是什麼樣的布這麼困難？你說說看，或許我可以幫得上忙。」織造工一聽說有這麼困難的設計，他的眼睛都亮了，很想測試一下自己向困難挑戰的能力。

邁斯楚向他說明有關暗扣的想法；原本以爲織造工會一口回絕，沒想到他竟然答應了。「要做出這樣的布很難；不過，我可以試試。」

一段時間之後，織造工眞的做出來了；他以尼龍爲材料，製出一片有好幾排鉤子、以及另一片有許多圓圈狀纖維的布。邁斯楚看到這些布之後，既興奮又訝異，立刻將兩片布貼在一起；「黏住了！眞的很牢。我們成功了！」

他再將布拉開、黏起，仍然可以貼得很緊，完全不會鬆脫。

「我們終於做出一種更方便的暗扣了，就叫它『魔鬼沾』（velcro）吧！」

從此以後，魔鬼沾便出現在運動鞋、衣服和皮包等各種物件上，取代了部分鈕扣及拉鏈的功能，讓我們能享受到新發明帶來的方便。

給小朋友的貼心話

小朋友，你曾經和邁斯楚一樣嗎？原本以為是一件很簡單的事，親自去做了之後，才發覺困難重重；這時候，你會怎麼去面對？

當你克服萬難，好不容易完成一件事時，感覺如何呢？是否又增加許多寶貴的經驗？

蓋掉錯誤的神奇顏料——立可白

「咦？這個字寫錯了！」葛蘭姆（Bette Nesmith Graham）看見美工人員在銀行櫥窗裡的裝飾牌上寫錯了一個字母，好意提醒他。

「謝謝妳。不過這沒什麼關係，我等一會兒再改就好了。」美工人員繼續低頭做其他的事。

葛蘭姆是這家美國銀行的打字員，爲了多賺點外快，有時她也幫忙設計銀行的櫥窗布置。這一次看見美工人員寫錯字，她心想：這下糟了，他們是不是得把裝飾牌整個換掉重做？那麼，今天下班前絕對交不了差，該怎麼辦才好？可是，美工人員卻毫不在乎的樣子，讓她心裡又氣又急。

「眞的沒關係嗎？我們今天會不會做不完？」葛蘭姆忍不住問道。

「不用緊張，那個錯字我等一會兒用油漆把它蓋掉，重新再寫一個字母就好了啦！」美工人員仍然神情輕鬆地回答她。

葛蘭姆恍然大悟；原來，用這種方法就可以解決，自己眞是太大驚小怪了。他們果然在當天下班之前順利完成櫥窗布置，而美工人員改過字的地方，一點也看不出痕跡。

第二天，葛蘭姆交了一份打字文件給主管。他接過文件，稍微翻了一下，臉色突然變得很難看。「怎麼回事？整份文件都髒兮兮的！這是要交給老闆看的，我怎麼拿得出去？」

「對不起，因爲打錯了很多字，所以……」葛蘭姆支支吾吾地說。這已經不是她第一次因爲塗改打字文件而被罵，她也不知道還有什麼理由好說了。

「拿回去重打！」主管氣呼呼地說。

其實，葛蘭姆每天都很努力地工作，可是不知道爲什麼，不管她再怎麼仔細，還是經常打錯字，所以她的打字文件總是塗塗改改，主管對她的印象也因此一落千丈。

「到底有什麼方法可以改善呢？」葛蘭姆想起昨天美工人員用漆蓋掉錯字的方法，覺得可以試試看。「不過，文件上可不能塗油漆，該用什麼才好呢？」最後，她決定以蛋彩畫的白色顏料爲主，另外加進一些化學原料；又做了一把小刷子，可將顏料塗在錯字上。一試之下，這個方法果然行得通；等顏料乾了之後，便能在上面重新打字，不會把紙弄髒。於是，她調了一小瓶顏料放在抽屜裡，便於隨時修正文件。

一開始，葛蘭姆沒有跟任何人說這個祕密；但因爲她經常拿出來使用，所以後來大家全知道了，銀行裡其他的打字員也來問她這種顏料的調配方法；她乾脆在家裡製作了許多瓶，拿到銀行賣給他們。

葛蘭姆的顏料賣得很好，讓她非常有信心。「我應該拿到外面去試賣看看。不過，一般顧客的要求可能會比銀行同事更嚴格；目前最大的問題是要等它

乾，如果顏料乾燥的時間可以快一點就好了。」

她到圖書館找了許多有關蛋彩畫顏料的資料，也去找了高中的化學老師，還去拜訪漆料製造廠的師父，學習調製漆料的方法。經過不斷地嘗試，最後終於調配出一種可以快速乾燥的顏料。她將這種新配方顏料取名爲「立可白」(Mistake Out)，並且申請了專利，將家裡的車庫改裝成工廠，開始從事生產製造。

這一年是西元一九五六年，葛蘭姆成了立可白公司的老闆；但她只有在晚上及假日的時候製作，平常還是到銀行上班。直到有一天，銀行老闆剛接完一通電話，就氣急敗壞地將葛蘭姆叫過來：「葛蘭姆，妳知道犯了什麼錯誤嗎？」

「我不知道，我有做錯什麼嗎？」葛蘭姆滿臉迷惑。她想，自己雖然還是常打錯字，但都有用立可白修正，文件都是乾乾淨淨的啊？

「你竟然將我們銀行的名稱打成『立可白公司』！這也就算了，還把文件寄給對方；他們已經打電話來問，說我們銀行什麼時候改名稱了！」老闆越說越生氣，不等葛蘭姆開口解釋，就把她開除了。

葛蘭姆失業之後，就專心地發展自己的事業。因此，立可白公司的業務蒸蒸日上，從每個月幾百瓶的銷售量，逐漸成長到幾千瓶、幾萬瓶；到了西元一九七五年，一年就可以賣掉兩千五百萬瓶，業績非常驚人。因爲，人們不

只在打字時需要它，手寫字的失誤也常用立可白來修正。

現在，大部分的人都用電腦打字，可以先在螢幕上把錯字改正再列印，不需要再用到立可白；但不可否認，在修改手寫字的錯誤時，它仍然幫了不少大忙。

給小朋友的貼心話

葛蘭姆想辦法改善她打字易錯的缺點，還因此發展了新事業。小朋友，請想一想，自己有哪些缺點？你也可以想辦法改善，甚至讓缺點變成讓你進步的動力喔！

方便快速的熱湯麵——速食麵

「好想吃一碗拉麵。」結束了一天的工作，從事食品事業的安藤百福和太太一起回到家裡時，正好是吃晚餐的時間；他們的肚子很餓，安藤百福提出了吃拉麵的建議。

「我也想吃拉麵，可是家裡沒有材料了。到外面買兩碗回來吃吧！」安藤太太說道。

「等你買到拉麵的時候，我們已經餓昏了。」當時大約是六十年前，二次世界大戰剛結束不久。由於日本是戰敗國，物資十分缺乏，安藤百福經常在路上看見大家爲了吃一碗拉麵，在麵攤前大排長龍的景象；因此，一聽到太太說要去買麵，馬上舉雙手反對。

他們打算自己隨便煮一點東西來吃。可是家裡真的什麼材料也沒有，安藤百福只好上街排了快一個小時的隊伍，才終於買到兩碗拉麵。

「這樣排隊買麵太辛苦了！如果可以發明出一種不用煮、而且不論任何時間和地點都能吃的拉麵，該有多好。」安藤百福一邊吃著熱騰騰的拉麵，一邊有感而發地說。不過，到底什麼樣的麵不用煮就能吃，即使是開食品公司的他也被難倒了。

接下來的幾天，安藤百福只要一有空就煮麵。他嘗試用各種材料的麵條，或以不同長短的時間去煮；然而，就是沒有辦法做出理想的麵食。不斷的失敗，讓他幾乎要放棄當初想開發新食品的念頭。

有一天，安藤太太在廚房裡炸天婦羅——一種油炸的食物，香噴噴的氣味傳到客廳，令安藤百福食指大動，便跑到廚房想先嘗一口：「好香啊！我要先吃一

塊。」

「別急別急，還沒炸好，天婦羅還在油鍋裡漂浮呢！」安藤太太笑著回答。

安藤百福朝鍋裡瞧，一個個裹著米白色黏稠麵糊的天婦羅，逐漸轉成漂亮的金黃色，看起來酥脆可口。這時，他突然有了靈感，大聲喊著：「對了！用炸的！趕快試試看。」

安藤太太嚇了一跳；「天婦羅多得吃不完，不要再炸了，還是煮一鍋麵吧！」

「沒錯！我有個好點子，我就是要先煮一鍋麵。」安藤百福立刻在鍋裡加了八分滿的水，等水煮開之後，將生的拉麵放進鍋裡煮。

「我知道你最近都在實驗一種新的麵食；可是，我看不出來這次和平常的做法有什麼不同啊？」安藤太太看他忙了半天，不解地問道。

安藤百福的注意力全都在這鍋麵上，所以沒有聽見太太的問話。他將煮好的麵撈起瀝乾，又熱了一鍋油，再把麵放進去炸；

一會兒之後，濕軟的麵團就炸成金黃酥脆的麵塊了。

「這個很有趣，是要當成餅乾來吃嗎？」安藤太太夾起熱呼呼的麵塊問道。

「不是，還沒完成呢！我有把握這次應該會成功。」安藤百福等麵塊涼了之後，再放進熱開水裡；過了幾分鐘，麵條變軟了，試吃之下，口感也很不錯。原來，麵條在油炸的過程中，麵裡的水分會被去除；再用熱水沖泡，便可以讓麵條吸飽水分，恢復原來的柔軟。此外，去除水分的乾麵塊，還可以達到長期保存的效果呢！

安藤百福繼續研發出調味包及乾燥蔬菜包，讓這種新型的麵食更好吃，這就是「速食麵」。由於它是用熱水泡來吃的，所以也叫「泡麵」。

安藤百福在西元一九五八年開始大量生產並販售速食麵，才一推出就廣受歡迎，也讓他的食品公司享譽國際，許多愛吃麵食的國家紛紛進口他的速食麵，或以相同的方式製造生產。

因發明速食麵而聲名大噪的安藤百福，仍然不斷地動腦創新。有一次，他到國外開會，看見西方人將速食麵放在咖啡杯裡沖泡，因此引發靈感，在西元一九七一年生產了更方便的杯麵，果然也相當受到大眾的歡迎。

雖然速食麵是在日本發明的，但發明者安藤百福卻不是日本人喔！他是出生於台灣南部的台灣人，本名叫吳百福，原本在台北從事針織品生意。一九三三年，他二十三歲時到日本經商；後來舉家遷到日本，歸化為日本籍，並一腳跨進食品業界。

現在的速食麵製作方式，和早期的做法差不多。因為麵條必

麵
速

須經過油炸處理，所含的脂肪量太高，而且缺乏纖維素；雖然能讓人吃飽，卻沒有什麼營養價值。但是，我們不能否定安藤百福的貢獻；因爲，在許多不方便烹煮的場合中，速食麵仍是大家最方便、快速的選擇。

給小朋友的貼心話

速食麵雖然又香又好吃，可是，你知道它為什麼不能像米飯一樣長期當作主食嗎？

油炸食物特別香，但是，它對身體健康有什麼不良影響呢？

輕鬆撕貼的便條紙——便利貼

「真氣人！」司潘思・西爾佛（Spence Silver）製造了一罐超強黏力的膠水，原本以爲可以幫公司推出全新的產品；沒想到，這罐膠水非常不好用，黏什麼都黏不牢。

他拿出兩張紙，背後塗滿了一層膠水，再將兩張紙互黏在一起；過了一會兒，他試著拉開兩張紙，結果一拉就開。「連紙都黏不住！我怎麼會做出這麼失敗的東西？」西爾佛十分沮喪。「別氣餒嘛！說不定它還有其他用途呢！」同事們雖然嘴裡說著安慰的話，但其實心裡並不這麼想；一罐不黏的膠水，誰也不知道它能做什麼。

這罐膠水是在西元一九七〇年製造出來的，之後就被堆在倉庫裡。直到四年後的一個星期天，這家公司的另一個化學工程師亞特·傅萊（Art Fry）因爲某個契機想到了它，才終於改變被冷落的命運。

「我要上教堂了，幫我檢查一下歌本裡的紙片是不是都還在。」傅萊每個星期日都要上教堂做禮拜；因爲他是唱詩班的成員，所以一定都會帶著歌本，還會在預備要唱的那幾頁，用紙片夾著做標示。

「看過了，放心！紙片都在。」他的太太回答。

然後，傅萊便和往常一樣，放心地從太太手中接過歌本，將它夾在腋下，到鎮上的教堂做禮拜。

在教堂裡，傅萊和其他唱詩班的成員站好位置，準備開始獻唱時，沒想到他翻歌本的動作太快，幾張紙片掉了出來。「這下糟糕了！」接下來，他是怎麼把歌唱完的，傅萊一點兒都不記得了。禮拜結束後，他滿腦子想的都是怎麼把紙片固定在歌本裡、才不會一翻開就掉落的方法。

他回到家裡，把想法告訴太太。

「你有時候也會用迴紋針夾住要唱的那幾頁，這會不會比用紙片來得好？」他的太太問道。

傅萊搖搖頭說：「迴紋針雖然比較牢，可是會把書頁夾得凹凸不平，所以我現在都不用了。」

「乾脆用黏的好了。」她又提了一個建議。

傅萊認爲這並不是個好主意：「不行，紙片黏了就撕不下來，除非膠水不太黏。」他突然想到四年前西爾佛製造的膠水：「那個不太黏的膠水，或許可以拿來試試看；可是，放在倉庫裡那麼久，不知道還在不在？」

第二天，他在公司的倉庫裡東翻西找了半天，好不容易才找出這罐膠水。「還好，終於找到了，不然就得請西爾佛再重新製造一罐。」

他把膠水噴在紙片上，然後黏在書本裡，並且不斷地翻動著書頁，紙片都不會掉下來；他再把紙片撕下，感覺非常輕鬆好撕；不過，膠水卻會在書頁上留下黏膠的痕跡。

「這樣還是不行，留在書頁上的黏膠會把前一頁也黏住。我得重新調製新的膠水。」在接下來的一年半時間裡，傅萊不斷地改變配方，終於製造出他想要的膠水。

他把新的膠水拿給同事看，一面親自示範：「塗了這種膠水的紙片，可以貼在書上標記重點；不想要的時候，隨手撕掉就好了。」

「真的一點痕跡都沒有耶！」

大家輪流用手觸

摸貼過紙片的地方，十分驚訝地說；然而，更令他們驚奇的是，塗了膠水的紙片可以反覆撕貼好幾次，黏性也不會消失。

「我要建議公司生產這種便條紙，就叫它『便利貼』(Post-it)吧！它一定可以賣得很好。」傅萊信心十足。

可是，沒有任何人同意他的看法。「這種便條紙雖然方便好用，但有多少人會願意掏出錢來，只爲了購買書籤的替代品呢？」他的一位同事說。

「我相信，許多人會因爲它而改變習慣。不推出市場賣賣看怎麼會知道呢？」在傳萊的堅持下，公司終於同意大量生產這種便條紙；不過，卻是在七年以後，而且只在四個城市試賣。

一開始，只有其中兩個城市賣得很好，另外兩個卻賣得很差。公司派人前去深入瞭解才發現，賣得比較好的城市，是因為銷售人員免費贈送試用品，許多人用了覺得不錯，就會回來購買。瞭解原因之後，公司便在許多地方大量贈送試用品，讓更多人知道它的好處。

從此，這小小的便利貼，就成為人們不可或缺的好幫手；它不僅被貼在書裡做標記，也常被貼在冰箱、電腦螢幕等各種地方，隨時提醒人們要注意的事項。

給小朋友的貼心話

小朋友，當你做出一件你認為失敗的作品時，有沒有想過為什麼會失敗？若是換個角度，這件失敗的作品是不是還有其他的用途呢？

國家圖書館出版品預行編目資料

妙點子翻跟斗／吳立萍作，一初版.一臺北市：慈濟傳播文化志業基金會.2006〔民95〕
320面；15X21公分
ISBN 978-986-82571-1-5 (平裝)
ISBN10: 986-82571-1-5 (平裝)
1. 發明一通俗作品
440.6 95019574

故事HOME 5

妙點子翻跟斗

創辦者	釋證嚴
發行者	王端正
作者	吳立萍
插畫作者	楊麗玲
出版者	慈濟傳播人文志業基金會
	11259臺北市北投區立德路2號
客服專線	02-28989898
傳真專線	02-28989993
郵政劃撥	19924552 經典雜誌
責任編輯	賴志銘、高琦懿
美術設計	尚璟視覺設計有限公司
印製者	禹利電子分色有限公司
經銷商	聯合發行股份有限公司
	新北市新店區寶橋路235巷6弄6號2樓
電話	02-29178022
傳真	02-29156275
出版日	2006年9月初版1刷
	2012年11月初版13刷
建議售價	200元

Printed in Taiwan